职业技术·职业资格培训教材

西式烹调师

（五级）

U0232055

主　编　赖声强

副主编　王　芳　顾伟强

　　　　侯越峰　潘熠林

编　委　（见大师榜）

主　审　全　权

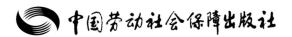

中国劳动社会保障出版社

图书在版编目（CIP）数据

西式烹调师：五级/上海市职业技能鉴定中心等组织编写．—北京：中国劳动社会保障出版社，2014

1＋X 职业技术·职业资格培训教材

ISBN 978-7-5167-0766-1

Ⅰ.①西…　Ⅱ.①上…　Ⅲ.①西式菜肴-烹饪-技术培训-教材　Ⅳ.①TS972.188

中国版本图书馆 CIP 数据核字（2014）第 027567 号

中国劳动社会保障出版社出版发行

（北京市惠新东街 1 号　邮政编码：100029）

＊

三河市潮河印业有限公司印刷装订　　新华书店经销

787 毫米×1092 毫米　16 开本　13.75 印张　235 千字

2014 年 2 月第 1 版　　2024 年 2 月第 6 次印刷

定价：58.00 元

营销中心电话：400-606-6496

出版社网址：http://www.class.com.cn

内 容 简 介

　　本教材由人力资源和社会保障部教材办公室、中国就业培训技术指导中心上海分中心、上海市职业技能鉴定中心依据上海 1+X 西式烹调师（五级）职业技能鉴定细目组织编写。教材从强化培养操作技能，掌握实用技术的角度出发，较好地体现了当前最新的实用知识与操作技术，对于提高从业人员基本素质，掌握西式烹调师核心知识与技能有直接的帮助和指导作用。

　　本教材在编写中根据本职业的工作特点，以能力培养为根本出发点，采用模块化的编写方式。全书共分为 3 篇 13 个模块，基础篇内容包括：西餐简史、西餐烹饪卫生常识、西餐厨房安全与消防、西餐厨房设备与器具、职业素养基本要求；实务篇内容包括：西餐烹饪原料认知、菜肴制作预处理、西餐烹饪基本技法与实例；综合篇内容包括：原料加工、冷菜制作、三明治制作、汤菜制作、热菜制作。全书后附有理论知识考试模拟试卷及答案、操作技能考核模拟试卷。

　　本教材可作为西式烹调师（五级）职业技能培训与鉴定考核教材，也可供全国中、高等职业院校相关专业师生参考使用，以及本职业从业人员培训使用。

前 言

职业培训制度的积极推进，尤其是职业资格证书制度的推行，为广大劳动者系统地学习相关职业的知识和技能，提高就业能力、工作能力和职业转换能力提供了可能，同时也为企业选择适应生产需要的合格劳动者提供了依据。

随着我国科学技术的飞速发展和产业结构的不断调整，各种新兴职业应运而生，传统职业中也愈来愈多、愈来愈快地融进了各种新知识、新技术和新工艺。因此，加快培养合格的、适应现代化建设要求的高技能人才就显得尤为迫切。近年来，上海市在加快高技能人才建设方面进行了有益的探索，积累了丰富而宝贵的经验。为优化人力资源结构，加快高技能人才队伍建设，上海市人力资源和社会保障局在提升职业标准、完善技能鉴定方面做了积极的探索和尝试，推出了 1＋X 培训与鉴定模式。1＋X 中的 1 代表国家职业标准，X 是为适应经济发展的需要，对职业的部分知识和技能要求进行的扩充和更新。随着经济发展和技术进步，X 将不断被赋予新的内涵，不断得到深化和提升。

上海市 1＋X 培训与鉴定模式，得到了国家人力资源和社会保障部的支持和肯定。为配合上海市开展的 1＋X 培训与鉴定的需要，人力资源和社会保障部教材办公室、中国就业培训技术指导中心上海分中心、上海市职业技能鉴定中心联合组织有关方面的专家、技术人员共同编写了职业技术·职业资格培训系列教材。

职业技术·职业资格培训教材严格按照 1＋X 鉴定考核细目进行编写，教材内容充分反映了当前从事职业活动所需要的核心知识与技能，较好地体现了适用性、先进性与前瞻性。聘请编写 1＋X 鉴定考核细目的专家，以及相关行业的专家参与教材的编审工作，保证了教材内容的科学性及与鉴定考核细目以及题库的紧密衔接。

职业技术·职业资格培训教材突出了适应职业技能培训的特色，使读者通过学习与培训，不仅有助于通过鉴定考核，而且能够有针对性地进行系统学习，真正掌握本职业的核心技术与操作技能，从而实现从懂得了什么到会做什么的飞跃。

职业技术·职业资格培训教材立足于国家职业标准，也可为全国其他省市开展新职业、新技术职业培训和鉴定考核，以及高技能人才培养提供借鉴或参考。

新教材的编写是一项探索性的工作，由于时间紧迫，不足之处在所难免。欢迎各使用单位及个人对教材提出宝贵意见和建议，以便教材在修订时进行补充更正。

人力资源和社会保障部教材办公室
中国就业培训技术指导中心上海分中心
上 海 市 职 业 技 能 鉴 定 中 心

序

      饮食烹饪在物质、精神两方面的成果属于大文化的范畴，可以称之为饮食文化或烹饪文化（侧重点不同）。比如，鲁迅先生就曾说过："人们大抵已经知道，一切文物都是历来的无名氏所逐渐的造成。建筑、烹饪、渔猎、耕种，无不如此；医药也如此。"（《南腔北调集·经验》）这儿，鲁迅把"烹饪"列入了"文物"（带文化、文明之义）的范畴，确是独具慧眼的。事实也是如此，饮食烹饪的发展，使人类脱离"茹毛饮血"的蒙昧状况，逐步走向文明。从一定意义上说，饮食烹饪是人类文明的重要标志之一。古人对于饮食，有几句经典的话。其一，"食色，性也。"其二，"饮食男女，人之大欲存焉。"其三，"夫礼之初，始诸饮食。"均说明饮食烹饪在人类生存、繁衍及建立礼仪过程中的作用。可见，我们首先应该从文化的角度来理解饮食烹饪。

      好友赖声强主编的这本《西式烹调师（五级）》教材似乎正是基于餐饮历史文化传承而撰写的。在对西餐烹饪技术进行详细剖析的同时，还着重介绍了西餐在欧美诸国的起源及其在中国的发展，甚至还有对西餐烹饪原料的讲解和对西式烹调师职业操守的教导等，相较整体上日趋功利化的烹饪教材而言，这样的循循善诱在今日之中国实属难得。

      虽然中国的餐饮业一直在进行着国际化的努力，但其实我们又有多少人知道，所谓的国际化不仅仅体现在菜肴的味道、摆盘的风格、中西融合的程度上，而却更多地体现在作业场所与作业设备的安全管理与卫生管理上。《西式烹调师（五级）》以相当大的篇幅介绍了"西餐烹饪卫生常识""西餐厨房安全与消防""职业素养基本要求"等，我想对烹饪教学而言，这部分内容才应该是饮食烹饪文化的重中之重！

      全面掌握西式烹调知识，拥有无国界技能，能使得学员永远都不会为就业而烦恼！《西式烹调师（五级）》的训练模式特别针对热衷西餐烹饪或相应烹饪管理、餐饮管理的学员而设计，学员可以在教材所规范的厨房环境中模拟烹饪，从而掌握西餐烹饪的广泛知识与技能。相信此课程在各位学有专长的烹饪教师的指导下，能为广大有志于在酒店、餐馆及相关服务行业一展才华的青年才俊提供高水平的培训和高质量的教学内容。学员肯定能从中学到各种不同方式、不同文化的餐饮服务知识，为将来的餐饮服务事业奠定稳固的基础。

上海浦东国际培训中心主任

周相华

目 录

基础篇
CHAPTER 1

模块一

西餐简史

学习目标

1. 了解西餐的起源。
2. 了解西餐在中国的发展。
3. 了解西餐在上海的发展及地位。
4. 了解西式烹调师职业的发展前景。
5. 熟悉西餐的概念和分类。

伴随着国际化程度的提高，我国从事西式烹调的人员队伍正日益壮大，而学习西式烹调前首先要了解西餐的相关知识。

一、西餐概述

1. 西餐的概念

"西餐"一词是我国人民对西方国家菜点的统称。"西"是西方的意思，通常是指欧美各国，"餐"是指饮食菜肴。

西方人对东方菜肴并没有统一名称，而分别称之为中国料理、日本料理、韩国料理等，而西方菜肴在中国为什么就统称为西餐呢？这是由于西餐虽然根据地理位置的不同，在饮食习惯上略有区别，但由于欧洲各国的地理位置较近，历史上也出现过多次民族大迁徙，所以在文化，包括餐饮文化上早已相互渗透融合，彼此间存在着很多的共同之处。另外，大多数西方人信仰的天主教、东正教、新教都是基督教的主要分支，在饮食禁忌、进餐习俗上是基本一致的。而美洲和大洋洲各国，欧洲移民占有统治地位，其餐饮文化也与欧洲有共同之处。

2. 西餐的起源

（1）古代的西餐

1）西餐起源于古埃及。古埃及的文明发展史在世界上占有重要地位。公元前2500年，古埃及由法老统治。那时尼罗河流域土地肥沃，盛产粮食。高度文明的社会创造出了灿烂的文化和艺术，其中也包括烹调艺术。在公元前2000年的古埃及城市遗址中，人们发现有厨房和餐厅的存在。当时亚述人的国王撒丁最先创办了烹调比赛，并用成千两黄金奖赏了那些有创新的人。果酱最早也是由埃及人用波斯最好的水果（见图1-1-1）加糖、酒等制成，再用精美的黄金器皿盛装后用于招待客人的。

图1-1-1　古埃及人采摘葡萄

2）西餐兴起于古希腊、古罗马。古希腊在欧洲是最先踏入人类文明的国家。由于地理人文关系，古希腊最早接受了古埃及的烹调技术。公元前5世纪左右，古希腊人就逐渐在烹调方法、原料选用上形成了自己的烹饪特色。世界上第一本有关烹调技术的书籍就是由古希腊的美食家——阿奇思奎特斯（Archestratos）于公元前330年编撰的，当时在指导古希腊烹调技术上起到了决定性作用。

古希腊逐渐成为欧洲文明的中心。雄厚的经济实力带来了丰富的农产品、纺织品、陶器、酒和食用油。奴隶制度已体现出今天厨房与餐厅分工的组织结构。当时古希腊人的日常食物已经有了山羊肉、绵羊肉、牛肉、鱼类、奶酪、大麦面包、蜂蜜面包等（见图1-1-2）。他们在制作禽类菜肴中开始使用橄榄油、洋葱、薄荷、百里香等来增加菜肴的美味，并使用筛过的面粉制作面点，并在面点的表面抹上葡萄液增加甜味。

图1-1-2　古希腊的面包制作雕塑

古罗马位于欧洲的中部，土地肥沃，雨量充沛，河流、湖泊纵横。古罗马人发明了发酵技术和制作葡萄酒、啤酒的方法，还学会利用冰雪储藏各种食物原料。公元前 31 年至公元 14 年，古罗马人的日常食物是根据不同职务级别而定的。据记载，当时普通市民的食物非常简单，而士兵的主要食物有面包、粥、奶酪和价格便宜的葡萄酒，晚餐有少量肉类食品，如果是达官显贵则可以得到更为丰盛的食物。公元 100 年，古罗马贵族和富人的宴会中主要使用以猪肉、野禽肉、羚羊肉、野兔肉等为原料制作的菜肴。

图 1-1-3　仿古制作的卡莱姆

古罗马的烹调使用较多的调味品，菜肴味道浓郁，并已在菜肴上带有流行的沙司，卡莱姆（见图 1-1-3）就是用海产品和盐经发酵、熟制而成的，味道鲜美，类似现在的鱼露。古罗马时代较流行的甜点有瓤馅枣，即将枣去核后，填入干果、水果、葡萄酒、面点渣制成馅心。古罗马人在烹调中常使用杏仁汁作为调味品和浓稠汁，此种原料直到 19 世纪仍然非常流行。

（2）中世纪的西餐

1）中世纪早期的西餐。在欧洲，从西罗马帝国灭亡到文艺复兴开始，这段时期被称为中世纪。当时希腊的调味品和烹调技术受到东罗马帝国和罗马帝国时代的西西里和莉迪亚的影响，厨师们大量开发和创新菜肴，如当时的开胃菜熏牛肉就很流行。

2）中世纪中后期的西餐。5 世纪中叶起，法兰克王国的盎格鲁、撒克森、裘特等日耳曼部落渡北海入侵不列颠。日耳曼部落的入侵发展了早期不列颠的烹调文化。1066 年，诺曼底人侵占英国，他们对英国的统治使当时说英语的人们在生活习惯、语言、烹调方法等各方面都受到了法国人的长期影响。如英语的小牛肉、牛肉、猪肉等词都是从法语演变过来的。同时，用法语书写的烹调书使英国人大开眼界，打破了传统的、单一的烹调方法。1183 年，在伦敦的街头出现第一家小餐馆，售卖以鱼类、牛肉、鹿肉、家禽为原料制作的菜肴。

中世纪中后期，欧洲人的正餐常有三道菜。第一道菜包括汤、水果和蔬菜，由于当时的人们认为香料与调味品可增加食欲，一般在第一道菜中使用较多此类调味品。第二道为主菜，主要是以牛肉、猪肉、鱼及干果为原料制作的菜肴。第三道是甜点，主要包括水果、蛋糕及烈性酒。可见当时就已经出现了西餐就餐形式的雏形。

（3）近代和现代的西餐

1）近代的西餐。16世纪的文艺复兴时期，新食物原料逐渐引入欧洲（见图1-1-4）。随着新大陆的发现，从美洲进口的蔬菜源源不断进入法国，于是淀粉原料开始代替豆类原料。特别是16世纪末，食物原料发生了翻天覆地的变化，如火鸡代替了孔雀。法国餐饮的繁荣与政治的介入密不可分。路易十四期间，太阳王路易十四热衷于餐饮，他经常在宫廷中举行烹饪大赛，王妃亲自给优秀厨师颁发蓝带金奖。此后的路易十五、路易十六继承了父辈的嗜好，人称"饕餮之徒"。上行下效，社会上的闲僚也都非常崇尚美食，此时涌现出很多著名的厨师和大量优秀的烹饪专著。人们在餐桌上正式启用刀、叉、勺，形成了较为系统的餐饮文化。

图1-1-4　文艺复兴时期的厨房

可以说，路易十四的奢靡之风奠定了以后几百年法式烹饪的地位。16—17世纪，意大利的烹调方法开始传入法国。1533年意大利公主出于家族对政治上的考虑，嫁给了法国的亨利二世，成为法国西餐历史的一个转折点。公主陪嫁的人员中有整班的厨师，他们将经过文艺复兴洗礼的饮食文化带入了法国。法王亨利二世即位以后，法国的国势日益兴盛，使得烹饪艺术有了良好环境得以快速发展。法国人开始热衷于对烹饪艺术的研究，贵族之间也以拥有意大利厨师为荣，这种风潮一直到亨利四世时达到了高峰。1600年以后，法国厨师的手艺已能与意大利厨师相媲美，甚至有过之而无不及。

18世纪以后，法国涌现出许多著名的西餐烹调艺术大师，如安托尼·卡露米、奥古斯特·埃斯考菲尔（见图 1-1-5）等。这些著名的烹调大师在当时设计并制作了许多优秀的菜肴，有些品种至今仍在西餐菜单上受顾客青睐。在法国大革命的影响下，法国王室日趋没落，为贵族烹调的厨师们开始纷纷走向社会，自己经营餐厅，于是当初的贵族烹调方法得以流入民间。烹调技术广泛地在法国各地传播，能够创制出新式菜肴的厨师往往得到人们的尊敬和重视。

图 1-1-5 西餐烹调艺术大师
奥古斯特·埃斯考菲尔

19世纪英国的中等阶层家庭开始纷纷聘请家庭厨师为自己烹调，但当时原料需要长时间的运输和储存，英国的菜肴质量和特色受到很大限制。此时，英国出现了最早的专业烹调学校，一些专业的温度计、烹饪工具和用具也随之出现。在希腊，著名的希腊厨师尼克斯·兹勒门德将法国烹调技术与本国的传统烹调技术结合，推进了希腊菜肴的味道和造型，创造出了新派的希腊菜。19世纪50年代后期，法国涌现出一大批青年厨师，他们对菜肴原料、口味、制作工艺、菜肴结构及装饰进行大胆创新，形成了法国的新派烹调方法。

2）现代西餐。20世纪开始，随着国际间政治、经济、文化交流的日益广泛深入，由传统烹饪衍生出来的西式快餐业和食品工业成为现代西餐发展的重要标志。由于生产的机械化、自动化程度随着科技的发展不断提高，烹调工艺得到改进，尤其是现代食品营养学和食品化学、生物学等科学技术的发展，使西餐烹饪得到了迅速发展。合理膳食、营养平衡、饮食卫生成为现代烹饪的重要组成部分。大量的添加剂、改良剂、强化剂等在食品中运用，不但丰富了食品品种，而且改良了食品的品质，丰富了食品的营养。

3. 西餐的分类

西餐是个较为宽泛的概念，虽然相互之间有着许多共同的地方，但由于自然条件、历史传统、社会制度的不同，西方各国仍有着不同的饮食习惯。有种说法非常形象："法国人夸奖着厨师的技艺吃，英国人注意着礼节吃，德国人考虑着营养吃，意大利人痛痛快快地吃"，足见西餐菜肴会在不同情况下具有自身的特点。下面将西餐按不同的方法进行分类。

（1）按国家分类。西餐在欧美各国都有自身的特点，其中法、意、英、美、俄、德式西餐具有较大影响力。另外，奥地利、匈牙利、西班牙、荷兰、葡萄牙、土耳其等国的菜点也都各具特色。

1）法式西餐。法国有着悠久的历史和文化，许多丰富多彩的菜肴和点心是从其古代的宫廷美食发展而来的。法国菜的突出特点是选料广泛，无论稀有名贵或普通寻常的原料，均可制作成法式菜肴。法国菜中的一些名菜，并非全用名贵原料做成的，有些普通的原料经过精心烹调同样成了经典名菜，如著名的洋葱汤（见图1-1-6）的主料就是洋葱。法国菜对配菜的要求十分讲究，规定每个主菜的配菜不能少于两种，而且要求烹调方法多样，如在法式菜中土豆就有几十种做法。法国菜注重沙司的制作，据说收入菜谱的沙司有700多种。沙司是原料的原汁、调料、香料和酒的混合物。重视沙司的制作，完全体现了法国菜对于味的重视。在西方餐厅里，做沙司的厨师的地位仅次于厨师长，可见沙司制作的重要性。法国盛产酒，于

图 1-1-6 洋葱汤

是许多酒被用于烹调。干红葡萄酒、干白葡萄酒、雪利酒、香槟酒、白兰地、朗姆酒、利口酒等都被用于菜和点心的制作中，并形成了别具一格的风味特点。

2）意式西餐。在罗马帝国时代，意大利曾是欧洲政治、经济、文化的中心。就西餐烹饪来讲，意式西餐可以与法式西餐、英式西餐相媲美。意大利传统菜式很多，尤其是各种面食制品更是闻名世界，成为意大利人的骄傲。相传，面条（见图1-1-7）是在13世纪从我国传到意大利的。现在，意大利年产面条200万吨以上，其中90%内销，全国每人每年消费面条达30kg，在西方国家首屈一指。意大利菜肴制作时突出主料的原汁原味，尤其擅长制作红烩、红焖类菜肴。

图 1-1-7 意大利面条

3）英式西餐。油少、清淡，调味时较少用酒，调味品大都放在餐台上由客人自己选用是英式西餐的特点。所以，英式菜肴的烹调讲究鲜嫩、口味清淡，烹调方法相对简单。虽然英式西餐相对简单，但英式早餐和下午茶（见图1-1-8）却是英式西餐的骄傲。英式早餐非常丰富，得到大多数人好评。英式下午茶一般是一杯红茶（也可以是咖啡、饮料）和丰盛的点心，英国人一般一边享受着喝茶的乐趣，一边进行社交活动。

图1-1-8　英式早餐和下午茶

4）美式西餐。大部分美国人是英国移民的后裔，所以说美国烹饪源自英国，丝毫不为过。美国国土面积大、气候好、食物种类繁多、交通运输方便、食品科技发达、冷藏及烹饪设备优良，使美式西餐有了自己的特色。美国厨师和家庭主妇选择食物的随意性较强，不过他们在烹调食品时非常注重营养。美国人对沙拉兴趣很大，沙拉原料大多采用水果，如香蕉、苹果、梨、菠萝等，拌以芹菜、生菜、土豆等。调料大多用沙拉酱和鲜奶油，口味别致。

5）俄式西餐。俄式烹饪不像法国、意大利、西班牙等国有着自己悠久的传统方式。俄式菜中除了俄罗斯民族少量传统的菜肴之外，其他均取自于西欧、东欧，乃至亚洲一些国家的菜式，经过长期演变后，成为地道的俄式菜肴。俄式西餐之所以在欧美菜系中有着自己独特的地位，是因为俄罗斯的宫廷大菜享誉世界，其服务形式至今仍旧影响着欧洲各国。由于俄罗斯地处寒带，俄罗斯人习惯食用热量高、口味偏重的食物以抵御寒冷。因此，在烹调上他们常使用酸性奶油、奶渣、柠檬、酸黄瓜、洋葱、黄油、小茴香等辅料或调味品。俄式菜的口味特点是油大、味重，酸辣甜咸明显。俄式西餐中，各种肉类、野味等不像西欧那样生吃或带血吃，必须要煮熟后吃。俄式点心用油炸的品种较多，烩水果也作为点心食用。俄式菜中冷餐开胃品及各种汤非常著名。许多品种现仍保留在世界各国餐厅和酒店的菜单中，如红鱼子、黑鱼子、沙丁鱼、小青鱼、冷酸鱼、泡菜、辣肠等。各种浓汤浓醇鲜香，深受人们喜爱。此外，俄罗斯的伏特加在世界名酒中也占有一席之地。

6）德式西餐。德式菜主要以传统的巴伐利亚菜系享誉世界。现代的德国菜也融合了法国、意大利、土耳其等国家的烹调技艺。德国菜在西餐中以经济实惠而著称，其香肠品种有1500种之多。

（2）按宴席菜肴类别分类。西餐在发展过程中逐步形成了自身的菜肴类别，一般按上菜顺序依次为冷菜、汤、主菜、甜食或水果，见表 1-1-1。

表 1-1-1 西餐上菜顺序表

名称	特点	举例
冷菜	又称前菜，以酸、咸、辛辣为主，能开胃，增加食欲	华尔道夫沙拉【Waldorf salad】 恺撒沙拉【Caesar salad】
汤	也称为第一道菜，大都含有丰富的鲜味食物、有机酸等成分，味道鲜醇，能刺激胃液分泌，增加食欲	农夫蔬菜汤【vegetable soup peasant style】 番茄冷汤【cold tomato soup】
主菜	通常以动物性原料为主、植物性原料为辅，搭配别具一格的沙司	牛排黑胡椒汁【fried beef steak with black pepper sauce】 莳萝烩海鲜【seafood stew with dill cream sauce】
甜食或水果	也称为甜品、甜点等，是由糖、鸡蛋、牛奶、黄油、面粉、淀粉、水果等原料制成的，是欧美人一餐中的最后一道菜，也是西餐不可缺少的组成部分	面包黄油布丁【bread and butter pudding】 巧克力慕司【chocolate mousse】

（3）按供应方式分类。随着餐饮业的发展，西餐按供应方式分为零点西餐、套式西餐、自助式西餐、西式快餐、宴席西餐等，见表 1-1-2。

表 1-1-2 西餐供应方式表

名称	特点
零点西餐	具有一定的灵活性，客人可根据需要自由选择菜肴
套式西餐	由餐厅将菜肴进行固定搭配，自由度稍差，但具有价格优势
自助式西餐	把事先准备好的菜肴摆在餐台上，客人进入餐厅后先支付一餐的费用，便可自己动手选择符合自己口味的菜点，然后拿到餐桌上用餐
西式快餐	现代西餐餐饮的新模式，餐厅能在短时间内提供给客人各种方便菜点，一般都在咖啡厅内供应
宴席西餐	较为正式的用餐方式，有较为严格的服务礼仪和用餐礼仪

（4）按供应时段分类。一般分为西式早餐、西式中餐、西式晚餐。

二、西餐在中国的发展

1. 西餐在中国的传播

我国人民与西方人民的交往由来已久，西餐在我国也有着悠久的历史，但西餐究竟何时传入我国，尚无定论。据史料记载，远在两千年前，大汉王朝就打通了通往西方的"丝绸之路"，波斯古国和西亚各地的灿烂文化也随之传到我国，其中包括膳食。13世纪意大利人马可·波罗在我国居住了数十年，为两国经济文化交流贡献了毕生精力，他把中国面条带到了意大利，演变成了今天举世闻名的意大利面条，而西方的芹菜、胡萝卜、葡萄酒等也陆续传入我国。

到了17世纪中叶，西方已出现资本主义萌芽，到我国的商船逐渐增多，一些传教士和外交官不断到我国内地传播西方文化，同时也将西餐技艺带到中国。据记载，1622年来华的德国传教士汤若望在京居住期间，曾用"蜜面"和以"鸡卵"制作的"西洋饼"来招待中国官员，食者皆"诧为殊味"。

西餐真正传入我国还是在1840年鸦片战争以后，我国的门户被打开，西方人大量进入我国，西餐技术逐渐为我国厨师掌握。1885年广州开设了中国第一家西餐厅——太平馆，成为西餐正式传入我国的标志。以后在外国人较多的上海、北京、广州、天津等地，陆续出现了由中国人经营的西餐厅（当时称"番菜馆"），以及咖啡厅、面包房等。在北京最早出现的西餐厅是"醉琼林""裕珍园"等。1900年，两个法国人在北京创办了北京饭店，1903年建立了得利面包房。此后，西班牙人又创办了三星饭店，德国人开设了宝珠饭店，希腊人开设了正昌面包房，俄国人开设了石根牛奶厂等。

辛亥革命后，我国处于军阀混战的半封建半殖民地社会，各饭店、酒楼、西餐馆等成为军政头目、洋人、买办、豪门贵族等交际享乐的场所，西餐业在此时发展迅速。广州的哥伦布餐厅、天津的维克多利餐厅、哈尔滨的马迪尔餐厅等都很有名气。

20世纪二三十年代是西餐在我国传播和发展最快的时期。之后，由于连年战乱，西餐业濒临绝境，从业人员所剩无几。1949年建国以后，西餐又有了新的发展。北京在20世纪50年代建成的莫斯科餐厅、友谊宾馆、新侨饭店、北京饭店西楼等都设有西餐厅。由于当时我国与前苏联为主的东欧国家交往密切，所以20世纪五六十年代我国西餐主要发展了俄式菜。

党的十一届三中全会后，随着我国对外开放政策的实施、经济的发展和旅游业的兴起，西餐在我国的发展又进入了一个新的时期。20世纪80年代后，在北京、上海、广州等地相继兴起了一批设备齐全的现代化饭店，世界上著名的希尔顿、喜来登、假日饭店等新型的饭店集团也相继在中国设立了连锁店。这些饭店都聘用了西方厨师和香港厨师，他们带来了现代的西餐技术。同时，一些老饭店也不断更新设备和技术。西餐在我国得到了迅速发展，菜系也出现了以法国菜为主，英、美、意、俄等菜式全面发展的格局。

2. 西餐在中国的发展趋势

经过多年的发展，中国的西餐已日渐呈现出多样化的发展趋势，有不同服务、菜系、菜品的西餐，有以麦当劳、肯德基为代表的西式快餐，还有咖啡厅等多种形式的西餐。中国的西餐饮食文化随着改革开放逐渐受到中国大众的青睐，目前全国共有西餐企业20000多家。西餐在我国的分布也越来越广，在我国30多个省市自治区中都有西餐企业，60%的地级城市也有西餐馆。由于旅游业的发展，西餐业现在更是发展到西藏拉萨、云南丽江、宁夏银川等传统意义上的偏远地区。

3. 上海西餐的发展

上海是我国大陆海岸线的中心，又是长江流域的门户，经济贸易地位举足轻重，历来是对外开放的门户，也是西餐较早进入我国的地区。据清末史料记载，上海最早的西餐馆是福州路的"一品香"，继之有"海天春""一家春""江南春""万家春"等。

20世纪20年代初开始，上海成为冒险家的乐园，西餐业得到了迅速发展，出现了大型西式饭店，如礼查饭店（现为浦江饭店）、汇中饭店（现为和平饭店南楼）、大华饭店等。到20世纪30年代，又相继建立了国际饭店、华懋饭店、上海大厦等，除了招待住宿外，都以经营西餐为主。

随着新中国的成立，中国人民自己当家做主了，外国人纷纷离开上海，上海的西菜馆一度低迷。但经受100多年西方文化影响的上海人，对西餐的口味、就餐环境有着美好的记忆，如红房子西菜馆（见图1-1-9）几经周折，现今仍为人们怀念法式传统西餐的标志。红房子西菜馆的前身为罗威饭店，由意大利籍犹太人路易·罗威于1935年在法租界霞飞路（现在的淮海中路）开设。1941年太平洋战争爆发，日军进入法租界，老板路易·罗威因犹太人身份而被关入集中营，直至1945年日

图 1-1-9 红房子西菜馆

本投降，罗威获释后又重新买下陕西南路 37 号重新开业并更名为"喜乐意"。开业后罗威将店面刷成红色，给人热情洋溢、喜气洋洋的感觉，并聘请了当时人称"西厨奇才"的俞永利。而当时年仅 24 岁的俞永利不失所望，创造出一批拿手菜，尤其是烙蛤蜊，以香味馥郁、味浓爽口，使食客们个个啧啧称道，拍案叫绝。1973 年访华的法国总统蓬皮杜尝过后也赞不绝口，并将其加入了法兰西菜谱。

新中国成立后罗威回国，由上海人刘瑞甫作为资方代理人接收了"喜乐意"，当时上海的工商巨头、社会名流、文艺界名人等都是他的老顾客，因"喜乐意"店面为红色，故老顾客都称之为"红房子"。1956 年公私合营后"喜乐意"正式更名为"红房子西菜馆"。

红房子西菜馆是知名度最高、最具有代表性的上海西菜馆，它也是"文化大革命"期间全国最早恢复营业的西菜馆。

而德大西菜馆原名德大饭店，1897 年创始于虹口区塘沽路。当时一个叫陈安生的中国商人，从法国人手里买下位于塘沽路上一处有两开间门面的商铺，专门经营牛羊肉、各种卷筒火腿、培根等西餐食材。由于与外商接触较多，德大开始承包外商轮船伙食，后来便设立了西菜餐厅，供应西式大菜，顾客主要是附近的外国侨民、机关人员、银行职员、记者等各界人士，颇有声誉。德大西菜馆也是现今上海本土化西餐的标志之一。

三、西式烹调师的职业前景展望

1. 西式烹调师的就业状况

近几年来，餐饮行业的整合为西餐的普及与发展开辟了新的方向，西餐在餐饮行业分支中所占份额越来越大。在中国目前的西餐品牌中，比较具有代表性的有"名典""上岛""真锅""两岸""西堤岛""星巴克"等。这些品牌不管是外来的还是国产的，都承担起了普及西餐理念、发展西餐行业的重任，成为西餐行业的领头军。

中国烹饪协会西餐专业委员会在全国各地进行过一次全国西餐业调查，以省为单位，共调查了 7 个大项、63 个小项，基本掌握了目前全国西餐业的情况。调查数据显示：目前，全国西餐企业有 2 万多家，由于本次调查主要在大中城市进行，一些偏远城市的小型西餐企业还没能容纳进来，但调查结果还是基本反映了西餐企业的情况。在 2 万多家西餐企业中，西式正餐企业 3200 家，西式快餐企业 4000 家，酒吧 3840 家，咖啡厅 3500 家，茶餐厅 3000 家，日餐、韩餐、东南亚餐企业等大概有 2500 家，如图 1-1-10 所示。在这些企业中，有 60% 以上都是民营企业，国有企业占比不到 5%。在西餐从业人员相关队伍中，西式烹调师有 10 万人、服务人员有 12 万人、经营管理人员大概有 2 万人左右。西餐企业按消费档次也可划

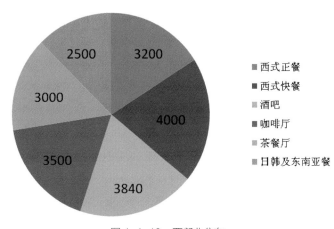

图 1-1-10　西餐业分布

分为三个档次：高档的，人均消费在 800 元以上；中档的，人均消费在 200～800 元之间；低档的，人均消费在 200 元以下。

目前，西式烹调师就业状况可分为以下几个方面。第一种是星级酒店，各大酒店都需要新鲜血液不断补充后厨。第二种是西式快餐，如美式快餐店或者主题快餐店。第三种是酒吧和咖啡厅，从事一些简易食物和便餐的制作。

2. 西式烹调师的职业发展前景

　　中国烹饪协会发布的年度餐饮业发展报告显示，我国餐饮业已经连续 18 年以两位数的速度增长，2009 年国内餐饮业零售额约为 1.8 万亿元，同比增长 16.8%，大大高于 GDP 的增长。2011 年国内餐饮业零售额已经达到 2 万亿元，预计今后几年有望达到 2.5 万亿元（全国餐饮营业总额，见图 1-1-11）。而在餐饮高速发展的同时，餐饮企业人才的匮乏却成为短板。国际权威机构调查显示，厨师成为全球微时代十大高薪职业之一，将是前景最为广阔的高收入阶层，称得上"微时代"的金饭碗。改革开放至今，餐饮业一直作为中国增长最迅速的行业之一，引领着国内消费市场。

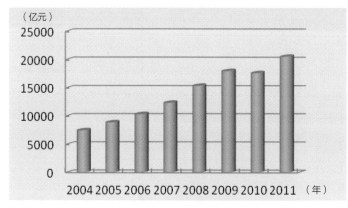

图 1-1-11　全国餐饮营业总额

　　在西餐进驻中国的初期，很多名声远扬的高档西餐厅都靠着厨艺高超的西式烹调师"撑场面"，他们大多都是外国厨师，对他们所在国家的饮食文化有深刻了解，同时也拥有相当丰富的掌厨经验。不过外国籍西式烹调师的用工成本相当高，他们逐渐为本土西式烹调师取代。因此，从就业的难易程度分析，西式烹调师的前景无疑是非常好的，一个极为有利的就业市场正在等待着中国本土西式烹调师。根据中国烹饪协会、中国商业信息中心推算，我国西餐烹饪行业每年西式烹调师的缺口在 10 万左右，面临人才奇缺的状态。

　　餐饮文化在文化交融和全球化进程中发挥着不可忽视的作用，职业名厨是餐饮业发展的潜力和动力，厨师将会成为未来餐饮业发展中的中流砥柱型人才。

思考题

1. 什么是西餐?
2. 西餐是何时传入中国的?
3. 法式西餐有什么特点?
4. 俄式西餐有什么特点?
5. 美式西餐有什么特点?
6. 英式西餐有什么特点?
7. 德式西餐有什么特点?

模块二

西餐烹饪卫生常识

学习目标

1. 了解食物中毒的分类。
2. 了解食物中毒的处理方法。
3. 了解厨房环境卫生要求。
4. 熟悉厨房卫生管理要求。
5. 熟悉个人卫生要求。
6. 掌握食物中毒的概念。

一、食物中毒

1. 食物中毒的概念

食物中毒（food poisoning）是指食用了被有毒有害物质污染的食品或者食用了含有毒有害物质的食品后出现的急性、亚急性疾病。食物中毒也泛指所有因进食了受污染食物、致病细菌、病毒，或被寄生虫、化学品或天然毒素（如有毒蘑菇）感染了的食物而患病。食物

图 1-2-1　食物中毒临床表现之一

中毒临床表现之一如图 1-2-1 所示。

食物中毒既不包括因暴饮暴食引起的急性胃肠炎、食源性肠道传染病（如伤寒）和寄生虫病（如囊虫病），也不包括因一次大量或者长期少量摄入某些有毒有害物质而引起的以慢性中毒为主要特征（如致畸、致癌、致突变）的疾病。食物中毒的主要特点如下。

（1）发病呈暴发性，潜伏期短，来势急剧，短时间内可能有多人发病，发病曲线呈突然上升的趋势。

（2）中毒病人一般具有相似的临床症状，常常出现恶心、呕吐、腹痛、腹泻等消化道症状。

（3）发病与食物有关。众多患者食用过同样的食物，发病范围局限在食用该类有毒食物的人群，发病曲线在突然上升之后呈突然下降趋势。

（4）食物中毒病人对健康人不具有传染性。

2. 食物中毒的分类

根据各种致病源，食物中毒可以分为细菌性食物中毒、植物性食物中毒、动物性食物中毒。常见食物中毒分类见表 1-2-1。

表 1-2-1 常见食物中毒分类

食物中毒分类	临床特点	照片
细菌性食物中毒	包括沙门氏菌食物中毒、变形杆菌食物中毒、葡萄球菌肠毒素食物中毒等。潜伏期短、突然地和集体地暴发，常常出现恶心、呕吐、腹痛、腹泻、发热等消化道症状	
植物性食物中毒	因某些蔬菜、豆制品等烹调和食用不当而引起。潜伏期短、突然地和集体地暴发，常出现恶心、呕吐、腹痛、腹泻等消化道症状	
动物性食物中毒	常见的有毒鱼、牲畜腺体（甲状腺、淋巴腺）中毒等。潜伏期短、突然地和集体地暴发，常出现恶心、呕吐、腹痛、腹泻、呼吸困难、昏迷等消化道、神经系统症状	

3. 引发食物中毒的原因及处理方法（见表 1-2-2）

表 1-2-2 引发食物中毒的原因及处理方法

类型	食物中毒原因	处理方法
食物受细菌污染产生毒素致病	由于细菌在食物中繁殖并产生有毒的排泄物。致病的原因不是细菌本身，而是其排泄物所含的毒素	(1) 食品质量要新鲜 (2) 食品要烧熟煮透。烧煮食品要充分加热，防止片面追求生嫩而失当，避免火力过旺出现外焦里生等现象 (3) 防止食品污染 　1) 生熟食品分开（加工、存放符合要求） 　2) 工具、容器生熟分开（包括盛器、刀、菜板等工具要严格分开） 　3) 注意操作卫生（包括体检、五病调离、个人卫生，符合操作要求等） (4) 控制细菌繁殖 　1) 新鲜食品应及时加工 　2) 缩短食品存放时间，烹调后尽快食用 　3) 妥善保存 (5) 严格做好餐饮具消毒工作
食物受细菌污染，食物中的细菌致病	由于细菌在食物中大量繁殖，当人们摄入含有对人体有害的细菌后，即会引发中毒	
有毒化学物质污染食物	食物被有毒的金属或非金属、有机或无机化合物、农药和其他化学物质污染。中毒偶然性较大，发病快，潜伏期短，中毒程度严重和病期长，事先常不易被人察觉	
食物本身含有毒素	食物本身带有毒性，如未煮熟的扁豆、发芽的马铃薯、不新鲜的青皮鱼等。这类食物中毒，季节性、地区性比较明显，偶然性较大，发病率较高，潜伏期较短，中毒死亡率较高	

（1）细菌性食物中毒污染途径。食物被细菌污染主要有以下几个途径：禽畜在宰杀前就是病禽、病畜；刀具、菜板及用具不洁，生熟交叉感染；卫生状况差，蚊蝇滋生；食品从业人员带菌污染食物。

（2）真菌毒素中毒。真菌在谷物或其他菜点食品中生长繁殖，产生有毒的代谢产物，人和动物摄入这种毒性物质发生的中毒。中毒主要是因为被真菌污染的菜点食品，用一般的烹调方法加热处理不能破坏其中的真菌毒素。真菌生长繁殖及产生毒素需要一定的温度和湿度，因此中毒往往有比较明显的季节性和地区性，如图 1-2-2 所示。

图 1-2-2 真菌毒素中毒症状
临床表现之一

（3）青番茄中毒。青番茄含有与发芽土豆相同的有毒物质——龙葵碱。食用后经人体吸收，会造成头晕恶心、流涎呕吐等症状，严重者发生抽搐，对生命威胁较大。

应对预防方法的关键为选用熟番茄：首先，外观要彻底红透，不带青斑；其次，熟番茄酸味正常，无涩味；第三，熟番茄蒂部自然脱落，外形平展。有些青番茄因存放时间久，外观虽然变红，但囊肉仍保持青色，此种番茄同样对人体有害，需仔细分辨。购买番茄时，应看一看其根蒂，若采摘时为青番茄，蒂部常被强行拔下，皱缩不平。

（4）生四季豆中毒。四季豆又名刀豆、芸豆、芸扁豆等，是人们普遍食用的蔬菜。生的四季豆中含皂甙和细胞凝集素。皂甙对人体消化道具有强烈的刺激性，可引起出血性炎症，并对红细胞有溶解作用。此外，豆粒中含有的细胞凝集素，具有红细胞凝集作用。如果烹调时加热不彻底，豆类的毒素成分未被彻底破坏，食用后会迅速中毒。

四季豆中毒的发病潜伏期为数十分钟至数小时，一般不超过 5h。临床表现主要有：恶心、呕吐、腹痛、腹泻等胃肠炎症状，同时伴有头痛、头晕、出冷汗等神经系统症状。有时会有四肢麻木、胃烧灼感、心慌、背痛等神经消化系统症状。病程一般为数小时或1～2天，愈后良好。若中毒较为严重，则需送医院治疗。

应对预防方法为煮熟焖透四季豆，每一锅的量不应超过锅容量的一半，用油炒过后，加适量的水，加上锅盖焖 10min 左右，并用锅铲不断地翻动四季豆，使它受热均匀。另外，还要注意不买、不吃老四季豆；把四季豆两头摘掉，因为这些部位含毒素较多。通过烹煮使四季豆外观失去原有的生绿色，吃起来没有豆腥味，就不会中毒。

二、厨房卫生

厨房卫生实际上就是菜点加工生产的卫生，关系着广大消费者的饮食健康安全以及生命安全，同时也直接影响到餐厅的经营和生存，因此必须严格规定厨房卫生的要求，保证厨房菜点生产安全。

1. 厨房设备与工具卫生

厨房设备与工具的卫生，主要是指加热设备、制冷设备、冷藏设备与工具的卫生。对各种设备、工具要进行必要的卫生管理，不仅可以保持设备与工具的清洁，便于操作，而且可以延长设备、工具的使用寿命，减少维修和能源消耗，保证食品的卫生。

（1）油炸锅的卫生。油炸锅所用的油多半是反复使用的。因此，必须做到每时段把炸锅用油过滤一遍，除去油中残渣。如果厨房制作的油炸菜点过多，就必须及时换油和清洗油炸锅。油炸锅在不用时，应用锅盖盖严。

（2）烤盘的卫生。用于制作牛排或汉堡包的烤盘，是用燃气或电力加热的。每次烤完食品，应清除盘中的残存食物渣屑，并在事后及时清洗干净。清洗的方法是：将受热烤盘的表面用合成洗涤剂清洗，洗净后，把烤盘表面擦干。

（3）烤箱的卫生。烤箱内所有散落的食品渣，都应在烤箱晾凉后扫净。遗留在炉膛内的残渣，可以用小刷清扫，然后用浸透了合成洗涤剂溶液的抹布擦洗。千万不可将水泼到开关板上，也不能用含碱的液体洗刷内膛和外部，以免损害镀膜和烤漆。烤箱的喷嘴应每月清洁一次，其控制开关则应定期校正。

（4）炉灶的卫生。保持炉灶卫生的关键，是及时清除所有溢出、溅在灶台上的残渣。灶面和灶台应每天擦干净。每月应用铁丝疏通一次燃气喷嘴。

（5）蒸箱、蒸锅的卫生。蒸箱、蒸锅每次用后都应将残渣擦去。如果有食物残渣煳在笼屉里面，应先用水浸湿，然后用软刷子刷除。其筛网也应每天清洗，有泄水阀的应打开清洗。

（6）搅拌机的卫生。搅拌机每天使用之后，应用含有合成洗涤剂的热水溶液擦洗，再用清水冲洗，然后擦干。

搅拌机可在原处清洗。搅拌机上有润滑油的可拆卸部件每月应彻底清洗一遍。

（7）开罐器的卫生。开罐器必须每天进行清洗。清洗时，把刀片上遗留的食物和原料清除干净。开罐器的刀片变钝以后，罐头上的金属碎屑容易掉入食物内，应加以注意。

2. 餐具消毒

（1）煮沸消毒法。先将碗筷等餐具用温水洗净，并用清水冲干净后用筐装好，煮沸 15 ~ 30min，将筐提起，将碗放在清洁的碗柜里保存备用。

（2）蒸汽消毒法。用密闭的木箱（或笼屉代替）消毒，木箱一端连着汽管。消毒时将洗干净的食具或用具放在木箱里盖严后，打开蒸汽管，蒸 15 ~ 30min 即可取出。

（3）高锰酸钾 ($KMnO_4$) 溶液消毒法。此法只限于消毒玻璃器皿和不耐热的器具。取高锰酸钾 5g 放入 5kg 开水（温凉）中，充分摇晃，混合制成浓度为 1‰ 的溶液。将洗净的餐具浸泡在溶液中，约 5 ~ 10min 后，清水洗净即可使用。高锰酸钾溶液必须现配现用，才能起到消毒作用。当高锰酸钾由紫红色变浅或变棕色时，即需更换。

（4）漂白粉溶液消毒法。将 5g 新鲜的漂白粉（有效成分为次氯酸钠，$NaClO$）

溶化在 10kg 的温水中（浓度为 0.05%）。用具、餐具洗刷干净后放入此溶液中浸泡 5 ~ 10min 即可达到消毒目的。

（5）新洁尔灭消毒法。新洁尔灭 (bromo-geramine) 即十二烷基二甲基苄基溴化铵（见图 1-2-3），为一种季铵盐阳离子表面活性广谱杀菌剂，杀菌力强，对皮肤和组织无刺激性，对金属、橡胶制品无腐蚀作用，可长期保存效力不减。

图 1-2-3　新洁尔灭

无论使用哪种消毒法，餐具消毒后都不要再用抹布去擦，以免再受污染。消毒的溶液要经常更换，否则会影响消毒效果。

据卫生部门化验测定，煮沸消毒和蒸汽消毒这两种方法的消毒效果最好。

三、厨房环境卫生

1. 作业场所的卫生要求

灶具、排菜台内外清洁，调味缸放置整齐；冰箱冷库的外表整洁、下无渍水、上无油垢；蒸箱里外清洁，上无杂物和油垢；走道明亮清洁、无杂物；原料仓库堆放整齐、物品不靠墙、不着地、无蜘蛛网；油烟道外墙无油垢；厨房工具用具清洁、放置整齐，刀不生锈，木见本色；下水道无堵塞、无油污，保持畅通无阻。

2. 厨房环境卫生要求

厨房标志无灰尘、无污迹；门窗玻璃明亮、无灰尘；天花板和墙面无灰尘、无污迹、无蜘蛛网；地面无污迹、无异味、干净光亮、无杂物；灯具无灰尘、无污迹；厨房内空气清新无异味，同时设有防"四害"装置。

3. 餐厅卫生要求

（1）餐厅天花板、墙面日常卫生状况。天花、墙面无蛛网灰尘，无污迹、水渍、掉皮、脱皮现象。

（2）地面、门窗日常清洁程度。地面边角无餐纸、杂物，无卫生死角，门窗、玻璃无污点、印迹，光洁明亮。

（3）餐桌椅与台布日常卫生程度。餐桌、台布、口布无污渍，整洁干净。

（4）地面每日吸尘或拖尘次数。地面每日拖净不少于3次，地毯每日吸尘不少于3次。

（5）其他餐厅卫生要求。门厅、过道无脏物、杂物，畅通无阻；盆栽盆景新鲜舒适，无烟头废纸；字画条幅整齐美观，表面无灰尘；配套卫生间由专人负责日常卫生，清洁舒适、无异味。

4. 储藏室卫生要求

储藏室实行专用，并设有防鼠、防蝇、防潮、防霉、通风的设施及措施，保证运转正常。各类物品应分类、分架，隔墙隔地存放，调味品需有明显标志，有异味或易吸潮的调味品应密封保存或分库存放，易腐调味品要及时冷藏、冷冻保存。建立储藏室进出库专人验收登记制度，做到勤进勤出，先进先出，定期清仓检查，防止调味品过期、变质、霉变、生虫，及时清理不符合卫生要求的物品。不同的物品应分开存放，调味品不得与药品、杂品等物品混放。储藏室应经常开窗通风，定期清扫，保持干燥和整洁。工作人员进入储藏室应穿戴整洁的工作衣帽，保持个人卫生。

四、厨房个人卫生

1. 个人卫生习惯

厨房工作人员必须要有良好的卫生习惯，保持"四勤"（勤理发、勤剪指甲、勤洗澡、勤换衣服）；严禁操作时抽烟、吃零食；保持工作衣帽的"二白"（衣、帽）、专间人员的"三白"（衣、帽、口罩）；如厕后要洗手，专间人员应更衣后上厕所；厨房人员不许佩戴首饰操作；随身佩戴的擦手毛巾要保持松软整洁；严禁在操作岗位上挖耳朵、掏鼻子、梳理头发和挠头皮。

2. 个人身体健康要求

厨房工作人员应持卫生行政部门颁发的食品操作人员"健康证"方可上岗，每年体检一次；要特别注意防止胃肠道和皮肤病的感染，定期体检，积极预防；凡患有痢疾、伤寒、病毒性肝炎（病毒携带者）、活动型肺结核、化脓性渗出性皮肤病等有碍食品卫生的疾病，要及时停止接触直接入口食品的工作。

五、食品卫生法规与卫生管理制度

根据食品安全法及其实施条例的规定，餐饮酒店应遵守食品卫生法规与卫生管理制度。

1. 餐饮酒店食品卫生五四制

（1）由烹饪原料到成品实行"四不制度"。采购员不买腐烂变质的烹饪原料；保管验收员不收腐烂变质的烹饪原料；加工人员（厨师）不用腐烂变质的烹饪原料；营业员（服务员）不卖腐烂变质的菜点食品。（零售单位不收进腐烂变质的菜点食品；不出售腐烂变质的菜点食品；不用手拿菜点食品；不用废纸、污物包装菜点食品。）

（2）菜点成品存放实行"四隔离"。生与熟隔离；菜点成品与半成品隔离；菜点成品、半成品与杂物、药物隔离；菜点成品与自然冰隔离。

（3）厨房用（食）具实行"四过关"。一洗、二刷、三冲、四消毒。

（4）厨房环境卫生采取"四定"办法。定人、定物、定时间、定质量，划片包干，分工负责。

（5）厨师个人卫生做到"四勤"。勤洗手剪指甲；勤洗澡理发；勤洗衣服被褥；勤换工作服。

2. 饮食卫生制度

菜点食品从业人员按《食品安全法》要求每年必须体检一次，合格后方可上岗，发现"五病"（痢疾、伤寒、甲型戊型病毒性肝炎、活动性肺结核、化脓性或者渗出性皮肤病）人员，应及时调离。厨房环境卫生一日一扫，每周大扫，落实"四定"（定人、定物、定时间、定质量），划片包干、分工负责。做好菜点食品加工各环节验收验发工作，不进、不加工、不出售劣质变质菜点食品。厨房冰箱应有专人保管、经常清洗、霜薄气足、先进先出、菜点食品及半成品分类放置，做到"四隔离"，成品、半成品、生熟菜点食品应分开，防止交叉污染。菜点食品要现烧现吃，隔夜隔顿要回锅。"三冷"专间要做到"三专一严"（专间、专人、专用工用具、严格消毒），应备有三盆水（洗涤水、清水、消毒水），人员要做到"三白"（工作衣、帽、口罩），专间内不得放置杂物及未经消毒的生食品，做好专间经常性保洁卫生工作。餐饮器具和容器清洗消毒应做到一洗、二过、三消毒、四保洁。消毒应达到食品与药品监督管理局（FDA）规定要求。菜点食品仓库烹饪原料应做到隔墙离地，分类分架，散装调味品应加盖加罩存放。包装菜点食品应有品名、厂名、厂址、生产日期、保质期等，过期菜点食品应及时处理。厨房操作人员应统一穿戴整洁的白色工作衣、帽，不戴饰物、不涂指甲油、厨房内不吸烟。落实防蝇、防鼠及防其他虫害的措施，做好经常性除害工作。

3. 食品安全法

在我国，政府高度重视食品安全，早在 1995 年就颁布了《中华人民共和国食品卫生法》。在此基础上，2009 年 2 月 28 日，十一届全国人大常委会第七次会议通过了《中华人民共和国食品安全法》。食品安全法是为了从制度上解决现实生活中存在的食品安全问题，更好地保证食品安全而制定的，其中确立了以食品安全风险监测和评估为基础的科学管理制度，明确食品安全风险评估结果作为制定、修订食品安全标准和对食品安全实施监督管理的科学依据。

4. 厨房设计卫生要求

（1）厨房应远离垃圾箱、厕所、污水沟等，防止外环境污染物对食品污染。

（2）厨房内禁止饲养家畜、家禽。

（3）餐饮业的厨房最小使用面积不得小于 $8m^2$。

（4）墙壁应有 1.5 m 以上的瓷砖或其他防水、防潮、可清洗的材料制成的墙裙。

（5）地面应由防水、不吸潮、可洗刷的材料建造，具有一定坡度，易于清洗。

（6）配备足够的照明、通风、排烟、冷藏、洗涤、消毒装置，具备有效的防蝇、防尘、防鼠、污水排放和符合卫生要求的存放废弃物设施。

（7）餐饮业厨房应按原料进入、原料处理、半成品加工、成品供应、备餐、食具清洗存放等工艺流程合理布置，宜为生进熟出的单一流向，防止在存放、操作中产生交叉污染，严格做到烹饪原料与菜点成品分开、生食与熟食分开加工和存放。

（8）餐饮业的凉菜间等应配有专用冷藏设施、洗涤消毒设施和符合要求的更衣设施，室内温度不得高于 25℃。

5.HACCP 体系（见图 1-2-4）

HACCP（Hazard Analysis Critical Control Point）表示危害分析和关键控制点，是科学、简便、实用的预防性的食品安全控制体系，是企业建立在 GMP（良好操作规范）

图 1-2-4 "危害分析和关键控制
点" 标志

和 SSOP（卫生标准操作程序）基础上的食品安全自我控制的最有效手段之一。HACCP 体系自 20 世纪 60 年代在美国出现并于 20 世纪 90 年代在某些领域率先成为法规后，得到了国际上的普遍关注和认可，一些国家的政府主管部门也相继制定出本国食品行业的 GMP 和法规，作为对本国和出口国食品企业安全卫生控制的强制性要求，并在实际管理中收到良好的效果。

HACCP 认证工作由国家最高认证管理机构——认证监督管理委员会（简称认监委）统一管理。CQC 中国质量认证中心作为唯一的直属国家认监委的认证机构，是全国唯一获认可的 HACCP 认证中心。

思考题

1. 何谓食物中毒？食物中毒的主要特点是什么？
2. 细菌性食物中毒有什么特点？怎样预防？
3. 西餐烹饪中常用的厨房生产设备与工具的卫生有哪些要求？
4. 试列表比较各种餐具消毒方法的效果。
5. 什么是餐饮酒店饮食卫生五四制？
6. 厨房工作人员应养成哪些良好的个人卫生习惯？

模块三

西餐厨房安全与消防

学习目标

1. 了解西餐厨房安全用电知识。
2. 掌握西餐厨器具使用安全。
3. 熟悉西餐厨房防火防爆知识。

一、西餐厨房安全

    西餐厨房里人员较多、物品繁杂，烹饪原料、辅料与香料都是易燃易爆物品，是西餐酒店中最应注意安全的地方。另外，西餐烹饪过程中，电器设备使用频繁、功率大、不安全因素众多，西式烹调师应提高安全防范意识，避免烫伤、扭伤、跌伤、刀割伤和电器设备造成的事故，并在防火与灭火等环节上采取预防措施。

1. 厨房电器设备造成的事故及其预防（见表 1-3-1）

表 1-3-1　厨房用电事故类型及其处理方法

事故类型	关键措施	具体处理方法
使用不当触电	正确使用电器设备	西式烹调师必须熟悉电器厨具设备，学会正确的组装、使用和保洁方法

保养不当漏电	采取预防性保养	应配备会检测各种电器设备线路和开关等的合格电工，作为正常情况下开展预防性保养的基础要求之一
安装不当漏电	设备接地线安全接地	设备需接地。酒店内所有的电器设备必须有安全的接地线
违规操作触电	遵守操作规程谨慎接触设备	员工在使用电器设备时，须按照厂家的使用说明正确操作。湿手或站在湿地上，切勿接触金属插座和电器设备
电线老化触电	更新电线包线	包线已磨损露出电线的设备，切勿继续使用。要使用防油防水的包线
清洁带电设备触电	切断电源清洁设备	员工在清洁任何电器设备时，必须先拔去电源插头
电路超载燃烧	避免电路超负荷	未经许可不得加粗熔丝，电路不得超负荷

2. 西餐厨房切割伤的预防

被刀割伤是西餐厨房员工经常遇到的伤害，因此预防就显得尤为重要。

（1）锋利的工具应妥善保管。刀具不使用时应挂放在刀架上或放在专用工具箱内，不能随意放置在不安全的地方，如抽屉内、杂物中。

（2）按照安全操作规范使用刀具。将需切割的烹饪原料放在菜板上，根据原料的性质和菜点烹调的要求，选择合适的刀法，并按刀法的安全操作要求对烹饪原料进行切割。

（3）保持刀刃的锋利。在实际操作中，钝的刀刃比锋利的刀刃更容易引起事故，因为钝的刀刃在切割烹饪原料时更容易使其滑动。

（4）各种形状的刀具要分别清洗。各种形状的刀具应分别洗净集中放置在专用的盘内，切勿任其浸没在放满水的清洗池内。

（5）刀具要适手。选择一把合手的刀具很有必要，这样能很快熟悉刀具的各项性能，并保证其处于良好状态。

（6）严禁持刀打闹。厨房员工不得持刀或其他锋利的工具打闹。一旦发现刀具从高处掉下，切忌随手去接。

（7）集中注意力。厨师在使用刀具切割原料时，注意力应高度集中，下刀须谨慎，不要与他人聊天。

（8）刀具摆放要合适。不得将刀具放在切配台边，以免掉在地上或砸在脚上；不得将刀具放在菜板上，以免戳伤自己或他人；在切配整理阶段，不要将刀口朝向自己，以免忙乱中碰伤。

（9）谨慎使用各种切割、研磨机器。使用切片机、绞肉机、粉碎机时必须严格按产品使用说明操作并定专人负责。

（10）清洗设备前须切断电源。清洗厨房设备前，必须将电源切断，按产品说明拆卸清洗。

（11）清洁刀口要谨慎。擦刀具时，应将布折叠到一定厚度，从刀具中间部分向外侧刀口擦，注意动作要慢。

（12）选择合适的工具。不得用刀来代替旋凿开罐头，也不得用刀来撬纸板盒和纸板箱，必须选择其他合适的开启工具。

3. 西餐厨房中跌跤、扭伤的预防

西式烹调师跌跤、扭伤事故发生的频率比较高。这种事故常发生在搬运重物、高空取物、清洁工作或行走中。发生事故的原因有烹调师自身的原因，如身体条件差、身体不灵活等，也有厨房环境条件的原因，如场地湿滑、油污、室内排水不畅造成积水等。预防跌跤、扭伤事故可采取如下措施：

（1）始终保持地面的清洁和干燥，及时清除溢出物，这既是卫生的需要，也是安全的需要。

（2）随时清除丢在地上的盒子、抹布、拖把等障碍物，一旦发现地砖松动或翻起，应立即重新铺设整齐或调换。

（3）小心使用梯子，从高处搬取物品时需使用结实的梯子。

（4）开关门要小心，进出门不得跑步。

（5）厨房人员应穿低跟、鞋底不滑的合脚鞋子。

（6）经常清扫员工通道及进出门区域，保持这一地带的整洁与安全。

（7）厨房及餐厅应选用防滑地砖，炉灶前须加地垫，避免滑跤。

（8）在必要处张贴"小心地滑"和"注意脚下"等警示标志。

（9）应保证厨房内、楼梯间或其他不经常使用区域的照明亮度。

（10）搬动物品时避免急转或扭动背部，且留意脚步。搬运过重的物品时，应找助手帮忙或利用推车。

二、西餐厨房器具使用安全

1. 气瓶与管道阀门

厨房内的燃气燃油管道、阀门必须定期检查，防止泄漏。如发现燃气燃油泄漏，首先应关闭阀门，及时通风，并严禁使用任何明火或启动电源开关。厨房中的气瓶应集中管理，与灯具或明火等高温源之间要有足够的距离，以防气瓶中的可燃气体泄漏甚至爆炸造成火灾。

2. 灶具

厨房中的灶具应安装在阻燃性材料上，与可燃物之间保持足够的间距，以防可燃物爆燃。厨房灶具旁的墙壁、抽油烟罩等易污染处应每天清洗，油烟管道至少应每半年清洗一次。

3. 炊具

厨房内使用的各种炊具，应选用经国家质量检测部门检验合格的产品，切忌贪图便宜而选择不合格的器具。与此同时，还应严格按规定使用这些器具，严防事故的发生。

（1）刀具由使用人自行维护及保管，使用前检查刀具是否有裂纹、松柄、锈蚀等现象。

（2）刀具必须平放在安全的位置，不宜放在操作台边沿及过高处。

（3）在使用墩、勺、盆等器具前应注意检查其卫生、破损、变形等情况。

（4）其他人不得影响（如碰撞、打闹、聊天等）正在持刀的操作者。

4. 后厨用具

后厨用具严禁挪作他用。未经许可任何人不能将后厨用具私自带出厨房外。后厨所有用具正常磨损至报废程度时必须及时更新。

三、西餐厨房消防知识

消防安全是西餐厨房管理的重点监控部分。由于起火后扑救较难、损失较大，故厨房消防安全的重点在于防火，以防为主，防消结合。

1. 厨房容易发生火灾的原因（见表 1-3-2）

表 1-3-2 厨房火灾常见原因

物料	危险性	原因分析
燃料（液化石油气、煤气、天然气、炭等）	厨房火灾、爆炸	不按章操作，很容易引起泄漏，遇明火酿成火灾、爆炸 柴油的闪点较低，在使用过程中，因调火、放置不当等原因容易引起火灾
油烟	烟道火灾	燃料燃烧过程中产生的不完全燃烧物及油气蒸发产生的油烟很容易积聚下来，日积月累形成一定厚度的可燃物油层和粉层，附着在墙壁、烟道和抽油烟机的表面，如果清扫不及时，遇明火就会引发油烟火灾
电器线路	燃烧、火灾	若厨房装修时以铝代铜、电线不穿管、电闸不设保护盖，在水汽、油气和烟气的长期腐蚀下，绝缘层快速老化，易漏电、短路起火。大功率的电器设施在使用过程中因电流过大导致插头、线路发热起火
灶具和器具	火灾爆炸	高压锅、蒸汽车、电饭锅、冷冻机、烤箱等操作不当引发火灾爆炸

烹饪用油	火灾	用油锅烹调食物时，因食用油温过高起火或因操作不当使热油溅出油锅碰到火源引起油锅起火

2. 厨房防火要求

（1）尽量使用不燃材料制作厨房构件。炉灶与可燃物之间应保持安全距离，防止引燃和辐射热造成火灾。

（2）炉具使用完毕，应立即熄灭火、关闭气源、通风散热；炉灶、排气扇等用具上的油垢要定时清除；收市前要检查厨房电器具是否断电、燃气阀门是否关闭、明火是否熄灭。

（3）油炸食品时，油锅搁置要平稳，油不能过满，锅中的油不应该超过油锅容积的2/3，并注意防止水滴和杂物掉入油锅，使食用油溢出着火。与此同时，油锅加热时应采用温火，严防火势过猛、油温过高造成油锅起火。

（4）起油锅时，应注意观察，油温达到适当高度，应即放入烹饪原料。

（5）遇油锅起火时，特别注意不可向锅内浇水灭火，应直接用锅盖或灭火毯覆盖，或用切好的蔬菜倒入锅里以熄灭火。

（6）煨、炖、煮各种菜点时应有人看管，汤不宜过满，在沸腾时应调小炉火或打开锅盖，以防汤水外溢熄灭火焰造成燃气泄漏。

（7）厨房工作人员必须遵守安全操作规程和防火规定。

（8）各种燃气炉灶点火时要用点火棒，不得使用火柴、打火机或纸张直接点火。

（9）在炼油或炸制食品时必须有专人看管，锅内油量适中，油温不能过高，严防因油溢出和油温过高导致食用油自燃引起火灾。

（10）使用燃气时，随时检查燃气阀门或管道有无漏气现象，发现问题要及时通知维修部门进行维修。检查燃气漏气安全、可靠的方法是用软毛刷或毛笔蘸肥皂水涂抹，发现肥皂水连续起泡的地方即为漏气部位，严禁用明火直接检查漏气部位。

（11）经常检查各种电器和电源开关，防止水渗入电器，以免造成漏电、短路、打火等。

（12）要及时清理烟罩、烟囱、灶面及其他灶具，避免因油垢堆积过多而引起火灾。

（13）使用罐装液化气时，气罐与灶具应隔墙设置，严禁在气罐周围堆放可燃杂物，严禁对气罐直接加热。

（14）定期清理吸油烟器中的油污，防止油污遇明火燃烧。

（15）收市前应对安全情况进行全面检查，做到炉灶熄火、开关关闭，及时消除火灾隐患。

（16）厨房应按要求配备相应的消防装置，工作人员要熟悉报警程序和各种消防设施，学会使用灭火器材，遇有火灾应设法扑救。

3. 厨房灭火要求

（1）厨房燃气设备起火时应关闭灶头的阀门，切不可关闭管道总阀，否则会引起燃气管道爆炸。

（2）油锅起火时千万不可浇水，否则水在油锅内会炸开，引起大火蔓延、人员烫伤，应使用灭火毯和泡沫灭火器灭火。

（3）电器设备起火时千万不可浇水，否则容易触电，应先关闭电源，再用二氧化碳或干粉灭火器灭火。

（4）排烟管道起火时应先关闭排风机，再用灭火器喷射。

（5）垃圾桶起火时向垃圾桶内浇水即可灭火。

4. 火灾事故

火灾是指在时间和空间上失去控制的燃烧所造成的灾害。火灾是最经常、最普遍的威胁公众安全和社会发展的主要灾害之一。火灾根据可燃物的类型和燃烧特性，分为 A，B，C，D，E，F 六类（见图 1-3-1）。

A 类火灾：

指固体物质火灾，这种物质通常具有有机物性质，一般在燃烧时会产生灼热的余烬，如木材、煤、棉、毛、麻、纸张等燃烧引起的火灾。

B 类火灾：

指液体或可熔化的固体物质火灾，如煤油、柴油、

图 1-3-1　厨房灭火

原油，甲醇、乙醇、沥青、石蜡等燃烧引起的火灾。

C 类火灾：

指气体火灾，如煤气、天然气、甲烷、乙烷、丙烷、氢气等燃烧引起的火灾。

D 类火灾：

指金属火灾，如钾、钠、镁、铝镁合金等燃烧引起的火灾。

E 类火灾：

指带电火灾，物体带电燃烧的火灾。

F 类火灾：

指烹饪器具内的烹饪物（如动植物油脂）火灾。

5. 爆炸事故

爆炸事故是指由于人为、环境或管理等原因，物质发生急剧的物理、化学变化，瞬间释放出大量能量，并伴有强烈的冲击波、高温高压和地震效应等，造成财产损失、物体破坏或人身伤亡的事故，分为物理爆炸事故和化学爆炸事故。

爆炸必须具备三个条件：

（1）爆炸性物质。能与氧气（O_2）或空气反应的物质，包括气体、液体和固体。气体如氢气（H_2）、乙炔（C_2H_2）、甲烷（CH_4）等；液体如酒精（CH_3CH_2OH）、汽油等，固体如粉尘、纤维粉尘等。

（2）氧气或空气。

（3）点燃源。包括明火、电气火花、机械火花、静电火花、高温、化学反应、光能等。

图 1-3-2　干粉灭火器

6. 消防

预防和扑灭火灾的过程，即防火与灭火。

（1）灭火主要措施。灭火的主要措施是控制可燃物、减少氧气、降低温度、化学抑制（针对链式反应）等方法。

西餐厨房火灾涉及 A，B，C，D，E，F 类。扑救 A 类火灾可选择水型灭火器、泡沫灭火器、磷酸铵盐干粉灭火器、卤代烷灭火器；扑救 B 类火灾可选择泡沫灭火器（化学泡沫灭火器只限于扑灭非极性溶剂火灾）、干粉灭火器（见

图 1-3-2）、卤代烷灭火器、二氧化碳灭火器；扑救 C 类火灾可选择干粉灭火器、卤代烷灭火器、二氧化碳灭火器等；扑救 D 类火灾可选择粉状石墨灭火器、专用干粉灭火器，也可用干砂或铸铁屑末代替；扑救 E 类火灾可选择干粉灭火器、卤代烷灭火器、二氧化碳灭火器等；扑救 F 类火灾可选择干粉灭火器。

（2）灭火器的分类与使用（见表 1-3-3）。灭火器的种类很多，按其移动方式可分为手提式和推车式，按驱动灭火剂的动力来源可分为储气瓶式、储压式和化学反应式，按所充装的灭火剂则又可分为泡沫、干粉、卤代烷、二氧化碳、酸碱、清水等。

表 1-3-3 灭火器的分类与使用

灭火器	适用范围	使用方法
手提式泡沫灭火器	一般适用于扑救 B 类火灾，如油制品、油脂等火灾，也可适用于扑救 A 类火灾	将筒体颠倒过来，一只手紧握提环，另一只手扶住筒体的底圈，将射流对准燃烧物 如在容器内燃烧，应将泡沫射向容器的内壁，使泡沫沿着内壁流淌，逐步覆盖着火液面。在扑救固体物质火灾时，应将射流对准燃烧最猛烈处
酸碱灭火器	适用于扑救 A 类初起火灾，如木、织物、纸张等燃烧的火灾	在距离燃烧物 6m 左右，即可将灭火器颠倒过来，并摇晃几次，使两种药液加速混合，一只手握住提环，另一只手抓住筒体下的底圈将射流对准燃烧最猛烈处喷射
二氧化碳灭火器	适用于扑救 B，C 类火灾	灭火时只要将灭火器提到或扛到火场，在距燃烧物 5m 左右，放下灭火器，拔出保险销，一手握住喇叭筒根部的手柄，另一只手按下启闭阀的压把 在厨房内窄小空间使用时，灭火后操作者应迅速离开，以防窒息

干粉灭火器	碳酸氢钠干粉灭火器适用于易燃、可燃液体或气体及带电设备的初起火灾；磷酸铵盐干粉灭火器除可用于上述几类火灾外，还可扑救固体类物质的初起火灾	手提或肩扛灭火器快速奔赴火场，在距燃烧物处 5m 左右，放下灭火器选择在上风方向喷射。当干粉喷出后，迅速对准火焰的根部，并上下、左右扫射
1211 灭火器	扑救带电火灾	在距燃烧物 5m 左右，放下灭火器，先拔出保险销，一手握住开启把，另一手握在喷射软管前端的喷嘴处，灭火后操作者应迅速撤离

思考题

1. 西餐厨房安全有何重要意义？

2. 西餐厨房电器设备使用不当会造成哪些安全隐患？如何预防？

3. 如何预防西餐厨房切割伤？

4. 如何预防西餐厨房扭伤和烫伤？

5. 西餐厨房的防火要点与灭火要求？

6. 何谓西餐厨房火灾事故？西餐厨房火灾事故根据可燃物类型与燃烧特性主要分哪几类？

7. 西餐厨房应配备哪些主要的灭火器材？

8. 如何正确使用干粉灭火器？

模块四

西餐厨房设备与器具

学习目标

1. 了解西餐厨房设备及使用方法。
2. 掌握西餐厨房锅具及使用方法。
3. 熟悉西餐厨房刀具及使用方法。

一、烹调设备

1. 炉灶（stove）

炉灶按其热能来源可分电灶（见图 1-4-1）和燃气灶（见图 1-4-2）两种，按其灶面则可分为明火灶和平顶灶两种。

（1）明火灶

优点：加热速度快，用后便于关闭。

缺点：每个燃烧口一次只能加热一个锅，烹调量有限。

（2）平顶灶。燃烧口处用钢板覆盖，一次可支持多个锅，烹调量大且可支撑重物。

2. 烤箱（oven）

烤箱从其热能来源上可分为燃气烤箱（见图 1-4-2）和远红外电烤箱（见图 1-4-1）；从其烘烤原理上可分为对流式烤箱、辐射式烤箱和多功能烤箱。

（1）对流式烤箱。这种烤箱内装有风扇以利于烤箱内空气对流和热量传递，因此加热食物速度快，比较节省空间和能量。

（2）辐射式烤箱。工作原理是通过电能的红外线辐射产生热能，同时还有烤箱内热空气的对流等供热。其结构主要由烤箱外壳、电热元件、控制开关、温度仪、定时器等构成。

（3）多功能式烤箱。这是一种比较新型的烤箱，它既可以当作对流式烤箱，也可以当作蒸柜，或者同时具备以上两种功能。当其作为烤箱时可往烤箱内加入湿气，以减少食物的收缩和干化。

3. 微波炉（microwave oven）

微波炉的工作原理是将电能转换成微波，运用高频电磁场对介质加热的原理，使原料分子剧烈振动而产生高热。微波炉加热均匀、食物营养损失小、成品率高，但菜肴缺

远红外电烤箱

电灶

图 1-4-1　西式厨房实地拍摄（1）

扒炉

燃气灶

燃气烤箱

炸炉

图 1-4-2　西式厨房实地拍摄（2）

乏烘烤而产生的金黄色外壳，风味较差。

4. 铁扒炉（griller）

铁扒炉又分为煎灶和扒炉两种。

（1）煎灶。煎灶表面是一块 1 ~ 2cm 厚的平整的铁板，四周是滤油，热能来源主要有电和燃气两种。煎灶靠铁板传导使原料受热，原料受热均匀，但使用前应提前预热。

（2）扒炉。扒炉（见图 1-4-2）结构与煎灶相仿，但表面不是铁板，而是铁铸造的铁条，热能来源主要有燃气、电、木炭等，通过下面的辐射热和铁条的热传导使原料受热，使用前也应提前预热。

5. 明火焗炉（salamander）

明火焗炉又称面火焗炉，是一种立式扒炉，中间为炉膛，有铁架，一般可升降。热源在顶端，一般适于原料的上色和表面加热。

6. 炸炉（deep-fryer）

炸炉只有一种功能，即在热油中炸食物。标准的炸炉（见图 1-4-2）以电、燃气为能源加热，内有恒温设备，使油温保持在所需的温度。

7. 搅拌机（mixer）

立式搅拌机是面包店和厨房中的重要工具，可用于各种食品的搅拌和食品加工工作。

8. 切片机（slicer）

用切片机切削的食物厚度比手工切削的更均匀，对于控制用量、减少损失很有价值。

9. 冰箱（icebox）

冰箱（见图 1-4-3）按外观可分为卧式和立式两种，按功能可分为冷藏、冷冻和快速冷冻三种。根据需要有不同容积的冰箱可供选择，主要用于食物的保鲜与储藏。

冰箱

图 1-4-3　西式厨房实地拍摄（3）

二、西厨锅具（见表 1-4-1）

表 1-4-1 西厨锅具

图片	名称	特点	适用范围
	汤锅 （stock pot）	体积大、两边垂直的深锅	可用来做高汤
	沙司锅 （sauce pot）	圆形中等深浅的锅，与汤锅类似，略浅一些，更容易进行搅拌	可用来做汤、沙司和其他液体食物
	炖锅 （stew pan）	圆形宽口、两边垂直、重而浅的锅	可用来给肉上色和炖煮
	沙司平底锅 （sauce pan）	与小型浅底轻巧的沙司锅类似，只是两边没有圆环把手，而是一个长柄把手，两边垂直或倾斜	用在一般的灶上
	直边炒盘 （straight saute pan）	两边垂直的炒盘，较重。因其上宽，面积大，水分蒸发快	可用来炒、煎、给菜上色，还可用来制作沙司或其他液体食物

	斜边炒盘 （hypotenuse saute pan）	斜边，使厨师不用铲即可抛、翻菜点，而且容易盛菜	可用来炒或煎肉、鱼、蔬菜、蛋类食物
	铸铁锅 （cast-iron pan）	底厚体重的煎盘	用来煎制需要热量稳定均匀的食物
	烤肉盘 （roast pan）	更深更大更重的长方形盘	可用来烤制肉、禽类
	万用盘 （service tray）	用不锈钢制的长方形盘	既可用来盛装食物，还可用来烤、蒸食物
	汤罐 （soup pot）	圆筒形不锈钢容器	可用来储存食物

三、西厨刀具（见表 1-4-2)

表 1-4-2 西厨刀具

图片	名称	特点	适用范围
	厨刀 (chef's knife)	厨刀是厨房中最常用的刀具，刀片长约 26cm，靠近刀柄部位宽，渐渐变窄，前端是尖形的	最适宜日常使用，稍大的适宜于切片、块，小的适宜于做细加工
	万用刀 （salad knife)	一种窄窄的尖刀，长16～20cm	多用于做冷菜，切蔬菜、水果等
	水果刀 （fruit knife)	水果刀是短小的尖刀，长5～10cm	可用来切削水果或蔬菜
	剔骨刀 （boning knife)	尖尖的薄片刀，长约 16cm	可用来剔骨

图片	名称	特点	用途
	切片刀 （microtome knife)	有细长的刀片	可用来切煮熟的肉片
	屠刀 （butcher knife)	比较宽重，刀前端微翘	可用来切、分和修整鲜肉
	砍刀 （chopping knife)	刀片宽重	用来砍骨头
	牡蛎刀 （oyster knife）	又称开蚝刀，刀片坚硬短小，刀钝	用来打开牡蛎壳
	蛤刀 （clam knife)	刀片稍宽，坚硬、短小，稍微带点儿刃	用来打开蛤的壳
	磨刀棒 （steel)	本身不是刀，但却是刀具中不可缺少的一部分	用来磨刀，保持刀刃锋利

四、其他用具（见表 1-4-3)

表 1-4-3 其他用具

图片	名称	特点与用途
	菜板 （chopping board)	菜板是刀具不可缺少的伙伴，有硬橡胶菜板、塑料菜板和木菜板三种。但无论哪一种菜板，都会有细菌滋生，所以一定要保持菜板的清洁
	汤勺 （ladle)	汤勺一般用于液体的搅拌、测量和分份
	撇渣勺 （scummer)	撇渣勺为长柄小漏勺，主要用于撇取汤中的浮末和残渣

	肉叉 （meat fork）	可用于拿取肉类食物
	蛋抽 （whisk）	由钢丝制成，在西餐中可用于抽打鸡蛋、奶油及制作沙司等
	擦菜板 （grater）	擦菜板通过食物与菜板的互相摩擦，使食物成丝状、条状及末状。可用于切割蔬菜、奶酪等
	过滤器 （cap strainer）	是一种碗状的容器，容量比较大，在四周和底部都有孔，用于沙拉、意大利面条等食物的过滤
	笊篱 （strainer）	是用金属丝制成的密网，用于汤、调味汁的过滤
	肉槌 （meat pounder）	用木料制成，用于拍打肉类原料，可使其质地松软，便于烹调
	温度汁 （thermograph）	与一般家用的温度计不同，它是用于测量肉类食物内部温度的，可帮助厨师科学地判断体积较大的肉类原料的成熟度
	量杯 （glassful）	具有各种大小类型，并在杯壁上标明容量
	量勺 （measuring spoon）	属于量器，方便用于测量调味料，如盐、糖、酒等
	土豆夹 （the potato clamp）	有旋转式和挤压式两种，由不锈钢制成，主要用于将煮熟的土豆制成茸状

五、厨房设备、工具的使用与保养

1. 厨房设备的使用与保养

在西餐厨房设备管理制度中，正确使用设备及保养设备是非常重要的内容，关系到设备的使用寿命，进而影响西餐厨房的运行成本。

（1）设备的使用。西餐厨房设备一般都比较昂贵，使用时应倍加珍惜，并注意以下问题：

1）在使用任何一种设备前，都必须先详细阅读使用说明书。刚进入西餐厨房的新厨师必须在有经验的西式烹调师指导下正确使用设备，切忌盲目操作。

2）注意用电安全。西餐厨房设备用电较多，这些设备外壳大多使用不锈钢材质，在使用时必须注意用电安全，确认插头及插座是否完好无损，电线、电缆等也需经常检查。

3）设备使用过程中必须注意清洁卫生，不能忽视细节部位的清洁。厨房的清洁卫生直接体现了西式烹调师的职业道德和对厨房的管理。

（2）设备的保养

1）炉灶的保养。在烹调过程中应避免将锅具中的原料装得过满，防止汁液溢出翻洒到炉灶表面，甚至浇灭火焰，堵塞燃烧器喷嘴。西式烹调师在结束每一班工作前都应擦拭炉灶表面，随时保持清洁卫生。燃烧器的喷嘴要定期检查、保持畅通。电器元件也应保持干燥、清洁，一旦发现问题应及时报修。

2）机械设备的保养。机械设备大都由动力装置及传动控制装置两部分组成。在使用过程中应严格遵守其说明书中的操作要求，勿使设备长时间超负荷工作，以保证设备的使用寿命。机械设备至少需一年保养一次，对各主要部件、传动装置等应定期拆卸检查、消除隐患，确保正常使用。

3）冷藏设备的保养

①冰箱内外必须经常擦拭，必要时使用清洁剂去除异味。

②除霜时不能使用利器铲刮，以免破坏制冷元件。

③不要频繁开关冷藏设备的门，以免影响冷藏效果。

④不要把高于室温的菜点放入冷藏设备中。

⑤不要频繁拨动温度控制器，以免损坏制冷系统。

⑥要随时保持电器元件的干燥及清洁。

⑦储存原料时要与蒸发器保持适当距离，避免冻住后不易取下。若原料与蒸发器冻

在一起也不能硬撬，必要时可停止制冷，使其溶化再取出。

⑧码放原料时要有适当空隙，以使冷空气流动，提高冷藏效果。

2. 厨房工具的使用与保养

西餐厨房中，各类工具种类繁多，使用人员也较为复杂，加强厨房工具的使用与保养也是厨房管理的重要内容，所以一定要落实工具的使用管理制度。

（1）厨房工具的专人保管制度。厨房工具应根据要求存放在固定的位置，并且进行必要的编号登记。对于一些较为贵重的工具应实行专人保管，取用时需登记。

（2）厨房工具的专用制度。从厨房卫生及厨房管理规范化角度考虑，应建立厨房工具的专用制度，如不同颜色的菜板用于不同原料的刀工处理，不能混用。

（3）厨房工具的卫生管理制度。厨房的工具在使用完毕后应及时刷洗、擦拭干净并存放于通风干燥的环境中，每隔一定时间还需做一次彻底的消毒，以避免细菌滋生、污染食物。

思考题

1. 烤箱有哪些种类？各有什么特点？
2. 铁扒炉有何特点？
3. 西餐烹调中常用的锅具有哪些？
4. 西餐烹调中常用的刀具有哪些？
5. 西餐烹调还会用到哪些用具？
6. 厨房设备使用时应注意哪些问题？
7. 厨房用具如何保管？

模块五

职业素养基本要求

学习目标

1. 了解职业道德的概念。
2. 熟悉厨师应具备的职业素养。
3. 掌握西餐基础英语知识。
4. 掌握菜点成本核算基础知识。

一、厨师职业素养

1. 道德

　　道德是构成人类文明，特别是精神文明的重要内容，是人们在一定的社会里用以衡量、评价一个人思想品质和言行的标准。

　　"人"是具有社会性的，人是社会的人，人自出生，便生活在家庭和社会中，和别的人发生着各种关系，离开了社会，人就无法生存。我们每天都必须处理各种关系：在家庭中要处理好家庭成员间的关系，在学校中要处理好与同学、老师的关系，在工作中要处理好与领导、同事之间的关系，在社会中要处理好与朋友、民族与国家的关系。

　　道德与法律的不同之处在于，道德是靠大家内心的信念来自觉维持的，而法律是由国家制定的，具有强制性，即道德是内在的"自律"，而法律是外在的"他律"。一些大家公认的不道德的言行、有悖于传统习惯和公众舆论的事，不可能全部用法律、政策、规章制度来约束。相较于法律而言，道德的作用更加广阔，它无处不在，无时不在，人们总是在自觉或不自觉的情况下，履行或侵犯道德标准。因此，我们必须不断地学习，努力提高自身的道德修养。

2. 职业道德

职业道德是道德在职业行为中的反映，是社会分工的产物。所谓职业道德，就是人们在特定的职业活动过程中，一切符合此职业要求的心理意识、行为准则和行为规范的总和。它是一种内在的、非强制性的约束机制，用来调整个人、主体和社会成员间关系的职业行为准则和行为规范。职业道德是整个社会道德体系的重要组成部分。

随着人类的进步和社会的发展，社会分工正在不断地细化，出现了许多不同的职业，同时也产生了诸多针对不同行业的道德规范。但不同行业应遵循的基本规范是一致的，即爱岗敬业、诚实守信、办事公道、服务群众、奉献社会，要求我们对于自己的职业应具备乐业、勤业、敬业的精神；对于服务对象应诚实、讲究质量、信守合同；对待服务对象的态度应热情周到、满足其需要；对于处事态度应客观公正，照章办事；对于社会应把公众利益、社会利益放在首要位置。

不同的职业道德规范体现出了各职业的特点，调节着人与人之间的利益关系，如对于商业从业人员来说，货真价实、公平交易是他们职业道德的具体要求。

（1）厨师职业道德的内容。餐饮行业属于服务性行业，它与人们的生活、健康密不可分。厨师良好的职业道德规范不仅体现了人与人之间的新型关系，更体现了社会的精神文明，具体表现于以下各方面：

1）忠于职守、爱岗敬业、艰苦奋斗、勤俭创业。"干一行、爱一行"是所有职业道德最基本的要求。忠于职守就是要把自己职责范围内的事做好，按照合乎质量标准的规范要求完成工作任务；爱岗敬业是有着实在内容的行为规范，发扬艰苦奋斗、勤俭办事的精神是体现爱岗敬业的劳动态度。厨师的职业道德首先就是从忠于职守、爱岗敬业开始的，把自己的聪明才智、精力全部投入到自己的厨师职业中去，将自己的职业作为自己生命中的一部分。

目前我国烹饪行业中的烹饪大师有相当一部分是从学徒生涯开始的，以他们忠于职守、爱岗敬业的态度从事着自己的厨师生涯，继而成为受人尊敬的烹饪大师。

2）公平交易、货真价实、讲究质量、注重信誉。厨师职业不仅是个人安身立命的基础，也关系着国家、集体、他人的利益。厨师烹制菜点的品质好坏直接决定了企业的效益和信誉。

厨师烹制菜点最直接的目的就是为了卖给食客，因此菜点就成了商品，具有了使用价值和价值的双重性。具备商品属性的菜点，只有卖出去，才能是商品，才能实现其价值，而商品的买卖是按照价值规律中的等价交换原则进行的。以次充好、粗制滥造、定价不合理等是无偿侵占他人劳动成果的不道德行为，因此货真价实是厨师职业道德的重要组成部分。

讲究质量也是厨师的职业道德，但讲究质量绝不是指绝对高的质量，是指符合价格的质量，一分价钱一分货正是反映了质量的真正含义。

3）尊师爱徒、团结协作、取长补短、共同提高。职业道德可以调节个人与国家、企业、他人间的利益关系，也可以调节企业内部人与人之间的关系。厨师的职业道德规范要求以团队精神为指导进行厨房内部的团结协作。

餐饮业的老师傅手艺高超、见多识广，他们在长期实践中积累了丰富的工作经验，而青年厨师具有一定的学历，接受能力强。因此，尊师爱徒、团结合作、互相学习补充是提高厨房工作效率的重要因素。

4）积极进取、开拓创新、重视知识、敢于竞争。职业道德是以为人民服务为核心的，只有树立了全心全意为人民服务的世界观、人生观、价值观，才能有崇高的职业理想、良好的职业态度和强烈的职业责任心。厨师在工作中也需要不断积累和更新知识，只有主动接受新原料、新工艺、新技术，在菜肴制作上有创新意识，才能适应市场的竞争。

5）遵纪守法、廉洁奉公、不徇私情、不谋私利。遵纪守法是对每一个公民的基本要求，是否能遵纪守法也是衡量职业道德的重要标志。廉洁奉公是厨师必须具备的道德品质，要求厨师能公私分明，不损害国家及企业的利益，不能将工作岗位当成谋取私利的工具。

（2）厨师职业道德的具体体现

1）积极进取的工作态度。积极进取的工作态度是成为一名合格厨师的首要条件。只有拥有了积极进取的工作态度，才能在紧张的工作中找到乐趣。当厨房最繁忙时，点菜单像雪片般飞来，厨师们个个埋头苦干、团结协作，刀叉锅勺乒乒乓乓作响，空气中弥漫着兴奋而紧张的气氛，随时考验着厨师的体力、耐力和毅力。如果没有积极乐观的态度，在紧张的工作中一定是感受到疲惫和不堪重负；而一个积极乐观的厨师，能感受到工作的激情并从工作中获得乐趣，工作效率也会大大提高。

2）协作能力。厨房的工作是团队整体的工作，不存在一个人的厨房，也没有人愿意在一个人的后厨工作。如果一名厨师自我意识膨胀，猜忌他人，或喜欢感情用事，那么在厨房内就无法与他人合作。

3）精益求精的质量意识。作为一名厨师，不管是在豪华的法式餐厅工作，还是在快餐厅、自助餐厅工作，只有认真做与马虎做两种选择。具备精益求精的质量意识，才能更好地体现厨师的技术价值。

4）勤学好问的学习精神。餐饮业发展变化很快，在烹饪领域中有学不完的知识。勇于接受新思想、新观点对于一名厨师来说是至关重要的。

5）扎实的基本功和全面的知识技巧。实践和创新的基础来源于扎实的基本功。当今厨艺界的菜肴制作变化多端，但万变不离其宗，基本的技巧和制作方法是创新的根本。在中国传统的观念中，厨师就是制作菜肴，无需学习知识，这是一个误区。作为一名厨师，除了会制作菜肴，还必须掌握大量的专业知识，如营养知识、成本核算知识、管理知识等，这样才能不断地突破和提升自我。

（3）新厨师职业道德培养

1）新厨师的八个状态。作为一名西餐厨房的新厨师，需要对厨房工作环境有一定的适应过程，但因个人性格弱点而滋生的消极态度（见表1-5-1），会在工作岗位上表现出来，进而影响到工作团队。

表1-5-1 消极的态度

工作时可能出现的状况	对应态度
工作状态	工作是一件苦差事
在工作中犯错了	不是我的错，是其他人的问题
在工作中得到了赞许	都是我自己的功劳，忽略了团队的力量
在工作中遇到了问题	总是找借口，逃避问题，将难题留给他人
完成一项工作的态度	把工作做完即可，从不考虑将它做得更好
对同事的态度	总是看到他人的缺点，忽略他人的优点
在工作中的作风	浮躁，投机取巧
与他人的工作配合	从不主动与他人配合，总是自顾自地工作

因此，在工作中必须自我调节好心态，注重自身的职业道德修养，以最快的速度、最好的状态进入角色（见表 1-5-2），在工作岗位中找到自己适合的位置并有所成就。

表 1-5-2 积极的态度

工作时可能出现的状况	对应态度
工作状态	享受工作，在工作中享受乐趣
在工作中犯错了	是我的错，我必须改进，防止再次犯错
在工作中得到了赞许	是大家一起努力的结果
在工作中遇到了问题	面对它，主动与工作团队商量，想办法解决
完成一项工作的态度	这样做是否能让别人满意，达到最佳状态
对同事的态度	尊重他人，善于发现他人的优点
在工作中的作风	务实，踏踏实实
与他人的工作配合	主动配合他人，并善于找他人配合完成工作

2）对于西餐厨房的新成员，在厨房工作环境中应做到如图 1-5-1 所示的十点注意事项，达到厨师的基本职业素养。

01 嘴巴甜一点	02 微笑露一点
03 说话轻一点	04 行动快一点
05 做事多一点	06 脑筋活一点
07 效率高一点	08 胆量大一点
09 脾气小一点	10 理由少一点

图 1-5-1　新厨师的十点注意事项

二、西餐基础英语

1.基础礼貌用语

（1）问候语

Good morning,sir.	早上好，先生。
Good afternoon,madam.	下午好，夫人。
Good evening,ladies and gentlemen.	晚上好，女士们先生们。
Welcome to our hotel(restaurant,shop).	欢迎光临我们的饭店（餐厅，商店）。
Thank you.	谢谢您。
Nice to meet you.	很高兴见到您。
How are you?	你好吗？

（2）祝贺用语

Happy New Year!	新年好！
Merry Christmas!	圣诞快乐！

| Have a nice holiday! | 节日愉快！ |
| Have a good time! | 玩得愉快！ |

（3）感谢用语

Thank you very much.	非常感谢您。
You're welcome.	不用谢。
Thank you for your help.	谢谢您的帮助。
You're welcome.	不用谢。
Thank you for your information.	谢谢您的信息。
Don't mention it.	不用谢（没关系）。
It's very kind of you.	您真客气。
My pleasure.	乐意为您效劳。
Thank you for your service.	谢谢您的服务。
At your service。	愿意为您效劳。

（4）道歉用语

I'm sorry. It's my fault.	对不起，这是我的错。
That's all right.	没关系。
I'm very sorry about it.	对此我十分抱歉。
That's all right.	没关系。
I apologize for this.	我对此表示抱歉。
Never mind.	没关系。
I'm sorry to trouble you.	对不起，麻烦您了。
That's all right.	没关系。
I'm terribly sorry!	真对不起。

（5）征询和请求

Do you speak English?	您说英语吗？
Sorry. Only a little.	对不起。只会一点儿。
How may I help you?	我能帮您什么吗？

What can I do for you?	我能为您做点什么？
Anything else I can do for you?	还有什么能为您效劳的？
No, thank you.	不，谢谢。
Please wait for a moment.	请稍等一下。
All right.	好的。
Would you do me a favor?	你能帮我一下吗？
Certainly！	当然可以。
Sit down，please.	请坐。

（6）告别用语

See you later.(See you tomorrow.)	等会见。（明天见。）
See you.	再见。
Goodbye and thank you for coming.	再见，谢谢您光临。
Goodbye！	再见。
Have a nice trip!	一路平安。
Thank you.	谢谢。
Goodbye, sir, and hope to see you again.	再见，先生。希望再见到您。

2.餐饮服务专业用语

Welcome to our restaurant.	欢迎光临我们餐厅。
Thank you.	谢谢。
Please have a rest.	请您休息一下吧。
May I disturb you?	这会打扰您吗？
Have you made a reservation?	请问您预订过吗？
Yes.	预定过了。
May I have your full name please?	请问尊姓大名？
My name is Henry Bellow.	我叫亨利。
I booked a private room.	我订了一间包房。

Please take the elevator to the third floor.

哦，请乘电梯上三楼。

Thanks.

谢谢。

How many people, please, sir?

先生，请问几位？

Four.

四位。

This way, follow me please.

请这边走，跟我来。

All right, thank you.

好的，谢谢。

Will this table be alright?

这张桌子满意吗？

Fine, thanks.

很好，谢谢。

I prefer a window seat.

我想要靠窗的桌子。

Sorry, all the tables by the window are booked.

对不起，靠窗桌子已订满。

Please be seated. Here's the menu.

请就坐，给您菜单。

Thank you.

谢谢。

Excuse me. May I take your order?

请问您要点菜吗？

Yes, please.

是的，谢谢。

What would you like to drink?

请问喝什么饮料？

Fresh fruit juice.

新鲜果汁。

Would you like to have some wine with your meal?

您用餐时要喝点酒吗？

Yes, please.

好的。

Please take your time and enjoy yourself.

请慢用。

Thanks.

谢谢。

We serve buffet in our restaurant.

我们餐厅供应自助餐。

I see.

知道了。

My bill, please.

请拿账单来。

Here you are，sir.

先生，您的账单。

Can I sign the bill?

可以签单吗？

Yes, may I see your room-card?

可以，请出示您的房卡。

How are you going to pay, in cash or by credit card?

您是付现金还是用信用卡？

By credit card.

用信用卡。

How much is it in all?

一共多少钱？

450 Yuan RMB.

450 元人民币。

Please tell me the business hours of your cafe.

你们咖啡厅什么时间营业？

24 hours.

24 小时营业。

Goodbye, sir, hope to see you again.

先生，再见，欢迎您下次再来。

Bye-bye.

再见。

What are we going to cook for breakfast?

今天早餐做什么？

Could you tell me the way to cook the soup?

你能告诉我这个汤的制法吗？

3.厨房专业用语

May I go now?

我可以走了吗？

Sorry, It's my fault.

对不起，这是我的错。

I'll correct it at once.

我立即改正。

What's my job for today?

请问我今天干什么？

What's on the menu today?

请问今天的菜单都有些什么菜？

What are we going to prepare?

现在开始准备什么？

What are we going to cook for breakfast?

今天早餐做什么？

How long does it take to cook this course?

烹制这道菜需要多长时间？

Cook for about 10 minutes.

烹制大约 10 分钟。

It's the sauce enough for the dish?

这道菜的汤汁够吗？

How about the flavor of this course?

这道菜口味如何？

It tastes too salty.	这道菜太咸了。
Any cooking wine for this course?	这道菜加酒吗？
No cooking wine,but add some stock.	不加酒，加调料。
What method do you use to cook this course?	这道菜是用什么烹调方法制作的？
Could you tell me the way to cook this course?	你能告诉我这个汤的制法吗？
Get that fish,please.	请把那条鱼取来。
Serve the dish, please.	请把这盘送过去。
Would you like to try it?	请您尝尝这道菜好吗？
Thanks for your help.	谢谢您的帮助。
This soup is thick,it should be a bit thinner.	汤太稠了，应该再稀一些。
The sauce is too much, less sauce, please.	汁太多了，应该少一些。
This is the menu for the banquet and that's for a la carte.	这是宴会菜单，那是零点菜单。
Heat it up, please.	请把这盘菜加热一下。
Garnish it please.	请把这盘菜装饰一下。
Please fix a sandwich.	请制作一份三明治。
Boil the water please.	请把水煮开。
Please mix a vegetable salad.	请做一份蔬菜沙拉。
Sorry, the beef is used up.	对不起，牛肉用完了。
Sorry, I can't cook it.	对不起，这道菜我不会做。
It's time to do some cleaning.	现在可以搞卫生了。

4.饭店专业词汇

（1）星期几

Monday	星期一

Tuesday	星期二
Wednesday	星期三
Thursday	星期四
Friday	星期五
Saturday	星期六
Sunday	星期天

（2）月份

January	一月
February	二月
March	三月
April	四月
May	五月
June	六月
July	七月
August	八月
September	九月
October	十月
November	十一月
December	十二月

（3）天气

sunny	晴
rainy	雨
cloudy	多云
windy	刮风
foggy	雾
snowy	雪
overcast	阴天
hot	热

warm	暖和
cool	凉爽

（4）时间表达法

Half past twelve.	十二点半。
A quarter to five. (Four forty-five.)	四点四十五分。
Five minutes past five.	五点零五分。
A quarter past six. (Six fifteen.)	六点一刻。

（5）餐饮部

food safety	食品安全
hygiene	卫生
bar station	杯盘区
log book	预定本
seating chart	座位图
garnish	菜饰
bar stool	吧凳
napkin	餐巾
coffee maker	咖啡机
toast	烤面包
chopstick rest	筷子架
cruet stand	调味瓶架
baby chair	婴儿座
aperitifs	餐前酒
sherry and port	雪梨酒和波特酒
icebox (refrigerator)	电冰箱

（6）厨房用具

stove	炉灶

oven	烤箱
microwave oven	微波炉
salamander	明火焗炉
griller	铁扒炉
deep-fryer	炸炉
gas range	煤气炉
mixer	搅拌机
kneader	揉面机
toaster	吐司炉
steamer	蒸箱
fry pan	煎盘
mincing machine	绞肉机
mixing bowl	打蛋机
saute pan	炒盘
omelet pan	蛋卷盘
sauce pan	沙司平底锅
stock pot	汤桶
double boiler	蒸锅
colander	蔬菜滤水器
roast pan	烤肉盘
baking pan	烘盘
food tong	食品夹
fork	叉

（7）烹饪原料

meat	肉类
mutton	羊肉
beef	牛肉
thin flank	牛腩
veal	小牛肉

pork	猪肉
lamb	小羊肉
poultry	禽类
rabbit meat	兔肉
fillet	里脊肉
kidney	腰子
sirloin	牛里脊
short plate	短肋
rib	肋条
shoulder	前肩肉
chicken	鸡肉
duck	鸭子
goose	鹅
turkey	火鸡
quail	鹌鹑
pigeon	鸽子
fish	鱼
bacon	培根
ham	火腿
sausage	香肠
egg	鸡蛋
tomato	番茄
eggplant	茄子
beet	红菜头
potato	土豆
asparagus	芦笋
parsley	荷兰芹
cucumber	黄瓜
bean	豆类
cabbage	卷心菜

cauliflower	花菜
spanich	菠菜
lettuce	生菜
celery	芹菜
onion	洋葱
garlic	大蒜
carrot	胡萝卜
ginger	姜
horse radish	辣根
radish	小萝卜
mushroom	蘑菇
apple	苹果
pear	梨
cherry	樱桃
plum	李子
strawberry	草莓
grape	葡萄
walnut	胡桃
almond	杏仁
orange	柑橘
lemon	柠檬
pineapple	菠萝
lychee	荔枝
olive	橄榄
watermelon	西瓜
peach	桃
salt	盐
pepper	胡椒粉
oil	植物油
salad oil	沙拉油

olive oil	橄榄油
cream	奶油
butter	黄油
vinegar	醋
honey	蜂蜜
vanilla	香草
jam	果酱

（8）烹调术语

blanching	初步热加工
panfry	煎
deep fry	炸
saute	炒
boil	煮
braise	焖、炖
stew	烩
bake	烘烤，焗
roast	烤
steam	蒸
grill	扒
poach	温煮
stir	搅拌
skim	撇去
cut	切
low heat	小火
high heat	大火
smoke	烟熏
thicken	变稠
discard	弃掉
pour	倒

cool	冷却
blend	搅匀
season	调味
melt	溶化
dice	切丁
chop	切块
peel	去皮
mash	捣碎
mince	切碎
garnish	装饰
sift	筛
hot	热
cold	冷
sweet	甜
salty	咸
sour	酸

三、菜点成本核算

1. 成本

（1）成本的概念。成本是指企业为生产各种产品而产生的各项耗费之和，其中各项耗费应包括原材料、燃料、动力消耗、劳动报酬的支出、固定资产折旧、房屋租金的支出、生产用具消耗等。

成本可以综合反映企业的管理质量，涉及了计划、组织和控制的全过程，是企业相互竞争的主要手段。成本控制是市场竞争的必然要求，在销售价格稳定的情况下，只有降低成本才能创造更多的利润，所以成本是经营决策的重要依据。

（2）餐饮成本概念。餐饮成本是指餐饮产品制作过程中的所有支出。由于厨房中各类支出多而繁杂，很难逐一精确计算各项支出。因此在厨房范围内只计算直接体现在菜点中的消耗，即构成菜点的原材料支出之和，它包括了制作菜点的主料、配料和调料。至于其他耗费，在现代的会计制度中作为"费用"处理，在厨房范围内一般不再进行具体计算。

2. 餐饮业的成本核算

成本核算是餐饮市场激烈竞争的客观要求。成本核算决定了餐饮管理实现财务目标的程度。企业管理要对产品生产中各项生产费用的支出和产品成本的形成进行核算，这就是产品的成本核算。

（1）成本核算的意义和目的。对餐饮业进行成本核算的意义在于正确执行物价政策、维护消费者利益、促进企业改善经营管理。

餐饮行业进行成本核算能计算出各个单位菜点的大致成本，为合理确定菜点的销售价格打下基础，同时能促使各生产经营部门不断提高技术和服务水平、加强管理、保证产品质量、改善经营管理、提高企业经济效益。

（2）成本核算的方法。厨房范围内的成本核算主要是对消耗原材料成本的核算，以计算各类产品的单位成本和总成本。单位菜点的成本就是单位成本，而单位成本的总和或全部菜点的原材料耗费总和就是总成本。

餐饮业成本根据其业务性质可划分为生产、销售和服务三种成本。但由于餐饮业的经营特点是产、销、服务统一在一个企业里实现，除原材料进价成本外，其他如职工工资、管理费用等很难分清用于哪个环节，难以分别划算，所以餐饮业生产成本就只以原材料作为其成本要素。产品成本核算方法有两种（见表1-5-3）。

表1-5-3 成本核算方法

计算方法	计算公式	适用范围
按照生产车间（厨房）实际领用的原材料计算已售产品耗用的原材料成本	耗用原材料成本 = 厨房原材料月初结存额 + 本月领用额 - 厨房月末盘存额	适用于采用"领料制"的企业 企业条件较好，设有专门储存原材料的仓库和冷藏设备，一般购进的原材料先进入仓库，由专人整理、保管。生产时，由生产车间填领料单向仓库领料

以存计耗，倒求成本	耗用原材料成本 = 厨房原材料月初结存额 + 本月购进原材料总额 − 月末盘存额（包括厨房剩料及半成品等）	适用于小型企业，设备条件简陋，购进的原材料全部交厨房保管，厨房耗用原材料平时不记账，月末采用"以存计耗法"计算出耗料数

3. 餐饮产品成本的三要素

餐饮业用以烹制菜品的原料有粮、油以及鸡、鸭、鱼、肉、蔬菜等，一切餐饮产品都是由它们制作而成的。根据其在菜品中的不同作用，这些原料大致可以分为三大类，即主料、配料（也称辅料）和调味品。这三类原料是核算餐饮产品成本的基础，称为餐饮产品成本的三要素。

（1）主料。主料是制成各个单位产品的主要原料，以面粉、大米和鸡、鸭、鱼、肉、蛋等为主，各种海产、干货、蔬菜和豆制品次之。由主副料构成的菜，一般主料的数量占70%，价格也是最贵的。有些不分主副料的菜，计算时，可以理解为全是主料。

（2）配料。配料是制成各个单位产品的辅助材料，以各种蔬菜为主，鱼、肉、家禽次之。配料所用数量不多，但有些配料价格不菲，不能粗略估算。

（3）调味品。调味品是制成品的调味用料。如油、盐、酱油、味精、胡椒等，主要起口味调节作用。它在单位产品里用量很少，但却是不可或缺的。一般产品的调料成本仅占总成本的10%以下，但也有些产品调料价格会超出主料的价格，因此核算时要注意把关。

现在，成本核算中也加入了燃料，但除非特别需要慢火长时间加热的菜，一般菜品燃料价格占成本的比例很小。如果要将其计入成本，也可按成本价的10%核算。因此，菜品的成本计算公式如下：

菜品成本 = 主料成本 + 副料成本 + 调料成本（ + 燃料成本）

4. 出材率与损耗率

（1）出材率

1）出材率的概念。出材率也称净料率、拆卸率、熟品率、涨发率等，是表示原材料利用程度的指标，是指原材料加工后可用部分与加工前原材料总质量的比率。

2）出材率的计算公式

$$出材率 = \frac{加工后可用原料重量 \times 100\%}{加工前全部原料重量}$$

例 1：青椒 5kg，加工后得净青椒 3.5kg，求青椒的净料率。

解：青椒的净料率 = 3.5/5 × 100% = 70%

答：青椒的净料率为 70%。

例 2：鱼肚 1.2kg，涨发后得 4.2kg，求鱼肚的涨发率。

解：鱼肚的涨发率 = 4.2/1.2 × 100% = 350%

答：鱼肚的涨发率为 350%。

3）出材率的应用

①在出材率的公式中共有三个量，只要给定其中任意两个量，就可求出第三个量。

$$加工后的原料重量 = 加工前原料质量 \times 出材率$$

$$需准备原料的重量 = \frac{加工后可用原料重量}{出材率}$$

例 1：牛菲力 2000g，加工时净料率为 80%，问牛菲力加工后应得多少克？

解：加工后的牛菲力重量 = 2000 × 80% =1600g

答：牛菲力加工后应得 1600g。

例 2：某酒店预订牛排 20 份，每份用净牛菲力 200g，牛菲力的出材率为 80%，问制作 20 份牛排要多少克牛菲力？

解：每份牛排需用牛菲力 = 200/80% =250g

20 份牛排需用牛菲力 =250 × 20 = 5000g

答：制作 20 份牛排需要牛菲力 5000g。

②根据加工前原料进货价和出材率，可计算加工后的原料单位成本。

$$加工后的原料单位成本 = \frac{加工前原料单位进价}{出材率}$$

例：制作苹果派需用苹果馅，苹果的进货价为 4 元 /kg，净料率为 80%，求加工后的苹果派单位成本。

解：加工后的苹果派单位成本 = 4/80% = 5 元 /kg

答：加工后的苹果派单位成本为 5 元 /kg。

③检验加工处理水平，鉴定原材料品质。通过原料出材率情况，在原料品质相同、加工方法相同时，可以考核操作人员的加工技术水平。

（2）损耗率

1）损耗率的概念。损耗率与出材率相对应，是指加工后原料损耗质量与加工前原料质量的比率。

2）损耗率的计算公式

$$损耗率 = \frac{加工后原料损耗质量 \times 100\%}{加工前原料质量}$$

例：鸡蛋 1.35kg，加工后得净蛋 1.08kg，求鸡蛋的损耗率。

解 1：鸡蛋的损耗率 =（1.35 － 1.08）/1.35 × 100% = 20%

解 2：鸡蛋的出材率 = 1.08/1.35 × 100% =80%

鸡蛋的损耗率 = 100% － 80% =20%

答：鸡蛋的损耗率为 20%。

（3）出材率与损耗率的关系

$$出材率 + 损耗率 = 100\%$$

5. 净料成本的计算

计算菜品成本，必须首先计算菜品原材料的成本。原材料不需要初步加工，直接配制菜品，这时原料成本就是其进价成本。如需要初步加工，则必须在符合两个基本条件下进行计算：第一，原材料加工前后质量必须发生变化，即加工前原材料质量不等于加工后原材料的质量；第二，加工前原材料的进货价格必须等于加工后原料或半成品的成本。对于后者，要进行菜品的成本计算，必须首先对菜品进行净料的单位成本计算。

（1）净料的概念。净料是指直接配制菜品的原料，它包括经加工配制为成品的原料和购进的半成品原料。

（2）净料单位成本的计算

1）原料的单位成本计算

①加工前是一种原料，加工后还是一种原料，且下脚料无作价处理的情况。

$$加工后原料单位成本 = \frac{加工前原料进货总值}{加工后原料质量}$$

例：厨房购入芹菜 8kg，进货价格为 2.4 元 /kg，经摘洗后，得净芹菜 7kg，求净芹菜的单位成本？

解：净芹菜单位成本 =（8 × 2.4）/7 = 2.74 元 /kg

答：净芹菜的单位成本为 2.74 元 /kg。

②加工前是一种原料，加工后还是一种原料，但下脚料有作价处理的情况。

$$加工后原料单位成本 = \frac{加工前原料进货总值 - 下脚料作价款}{加工后原料质量}$$

例：鳜鱼 8kg，每千克 50 元，去内脏后加工成净鱼，净料率为 80%，鱼子作价 1.5 元，求净鱼每千克成本。

解：鳜鱼进货总值 = 8 × 50 = 400 元

净鱼质量 = 8 × 80% = 6.4 kg

净鱼单位成本 =（400 - 1.5）/6.4 = 62.27 元 /kg

答：净鱼每千克成本为 62.27 元。

③加工前是一种原料，加工后是若干档原料。

$$加工后待求原料单位成本 = \frac{加工前原料进货总值 - 加工后各档原料作价款总和}{加工后待求原料质量}$$

例：活鸡 1 只重 2.5kg，每千克 7.6 元，经过宰杀、洗涤得光鸡 1.75kg，准备分档使用，其中鸡脯占 20%；鸡腿和其他部位占 40%，作价格 12 元 /kg；其他下脚料等占 40%，作价 8 元 /kg，求鸡脯的单位成本。

解：加工后鸡脯的质量 = 1.75 × 20% = 0.35kg

加工活鸡的价格 = 7.6 × 2.5 = 19 元

加工后鸡腿和其他部位作价 = 1.75 × 40% × 12 = 8.4 元

加工后其他下脚料作价 = 1.75 × 40% × 8 = 5.6 元

鸡脯的单位成本 =（19 - 8.4 - 5.6）/0.35 = 14.29 元 /kg

答：鸡脯的单位成本为 14.29 元 /kg。

2）半成品的单位成本计算。半成品是经过初步熟处理或调味拌制、腌制的各种原料的净料。

$$调味半成品单位成本 = \frac{原料总值 + 调味品总值}{调味半成品质量}$$

例：某料 5kg，已知此料进价 15 元 /kg，经加工得净原料 4.9kg，用香料、调料（成本共计 4 元）腌制后，得熟料 4.5kg，求每 100g 熟料的成本。

解：此料总值 = 5 × 15 = 75 元

熟料单位成本 = （75 + 4）/4.5 = 17.6 元 /kg

熟料每 100g 成本 = 17.6/10 =1.76 元 /100g

答：每 100g 此熟料的成本为 1.76 元。

思考题

1. 什么是道德？

2. 什么是职业道德？

3. 厨师的职业道德是什么？

4. 菜品的成本包括哪些？

5. 成本核算的目的是什么？

6. 进行成本核算有何意义？

7. 1000g 土豆，经去皮剩 920g，其出材率是多少？

实务篇
CHAPTER 2

模块一

西餐烹饪原料认知

学习目标

1. 熟悉畜类的种类及肉质特点。
2. 熟悉禽类的种类及肉质特点。
3. 熟悉鱼的种类及肉质特点。
4. 熟悉贝壳类的种类及肉质特点。
5. 了解蔬果的分类。
6. 掌握各类蔬菜在西餐中的使用方法。
7. 掌握西餐常用调料。
8. 了解西餐常用香料。

一、畜类原料

在西餐中常用的畜类原料包括牛肉、羊肉及猪肉，这些也是厨房最常用、最普通的畜类原料。

1. 牛肉

虽然世界上已知的牛的种类达 800 多种，但大致可以分为两大类：适应炎热气候的牛种（bos indicus）及可适应寒冷气候的欧洲典型牛种（bos taurus）。牛种研究表明，bos indicus 牛种的肉质柔嫩程度和稳定性低于 bos taurus 牛种。

Bos taurus 肉牛品种主要有安格斯牛、西门塔尔牛、海福特牛、夏洛来牛、神户牛等。综合其不同的肉质特点，通过杂交繁育可产出品质稳定、更优质的牛肉。

同时，牛的种类就其用途而言，有乳用、肉用、役用、兼用等。现在西餐主要使用的是肉牛。近几十年，在一些饲养业发达的国家，肉牛的发展速度非常快，涌现出很多优良的肉牛品种。几种常见的肉牛见表 2-1-1。

表 2-1-1 牛的种类及肉质特点

图片	名称	简介
	安格斯牛（Angus）	原产于英国，无角，为专门化早熟性肉用中型品种，肌肉大理石纹样很好，胴体品质高，出肉多，屠宰率一般为 60%～65%
	西门塔尔牛（Simmental）	原产于瑞士，为大型乳、肉、役兼用品种。西门塔尔牛可繁育出实用且温顺的后代，并且拥有极佳的肉质感、肌肉度和屠体特征。这些特性使它们与英国及欧洲大陆肉牛品质的杂交都非常理想
	海福特牛（Hereford cattle）	产于英国英格兰的海福特县，是世界上最古老的早熟中小型肉牛品种。现在被多个国家引进。具有体质强健、耐粗饲料、耐寒、肉质佳、适应性强等优点。这是一种古老的小型早熟家牛品种
	夏洛来牛（Charolais）	原产于法国中西部到东南部的夏洛来省和涅夫勒地区，是举世闻名的大型肉牛品种。自育成以来就以生长快、肉量多、体型大、耐粗饲料而受到国际市场的广泛欢迎
	神户牛（Wagyu beef）	是日本黑色但马牛的一种，因主要出产于兵库县神户市而得名。神户牛的饲养方法是高度的商业机密，据说是采用专利饲料配方进行喂养，并辅以音乐、按摩、啤酒饲料等育肥方法。吃好睡好的神户牛肥瘦均匀，红色的精肉与白色的脂肪比例匀称。也因为按摩的魔力，所以整头牛没有多少结聚起来的脂肪，使用率较其他品种的牛肉更高，加上日本人向来注重商品的包装，神户牛肉的"牛中之王"荣誉由此而来

2. 羊肉

一般多用绵羊羊肉，主要产地有澳大利亚和新西兰（见图2-1-1）。绵羊个体大，肉质细嫩，肌肉脂肪多，切面呈大理石花纹，肉用价值高于其他品种。蒙古肥尾羊是我国绵羊中体型最大、数量最多的一种。

小羊肉是出生后不足1年的羊肉，颜色较成年羊浅，肉质嫩。相对而言，乳羊肉是出生1个月的羊肉，肉质更佳。还有一种就是生长在海滨的咸草羊，此羊因食用的是含有盐分的草，故肉质也很好，且没有膻味。

图 2-1-1 绵羊

3. 猪肉

中国是世界上养猪最早、最发达的国家，也是最早食用猪肉的国家。欧美国家的猪大部分是来自我国和亚洲的猪种。我国生猪饲养遍及全国，猪种达十余种之多。根据猪的身体形态可分华北型猪、华南型猪、引进的良种猪（见图2-1-2）。

（1）华北型猪。主要分布在淮河、秦岭以北的广大地区，其特点是体躯长而粗，耳大、嘴长、背平直、四肢较高，体表的毛比较多，毛色纯黑，皮厚，水分较少，脂肪硬，肉味浓。代表品种有东北民猪、新金猪、定县猪、淮猪等。

（2）华南型猪。主要分布在长江流域、西南和华南地区。其特点是体躯短阔丰满，皮薄、嘴短、额凹、耳小、四肢短小、腹大下垂、臀高。代表品种有宁乡猪、梅花猪、荣乡猪、金华猪、威宁猪等。

（3）引进的良种猪。近几十年来，一些饲养业发达的国家，在减少猪的脂肪、增加瘦肉、缩短育肥时间、降低饲料消耗等方面取得了不少进展。代表品种有丹麦的兰德瑞斯猪、英国的约克夏猪等。

图 2-1-2 猪

二、禽类原料

禽类原料包括鸡、鸭、鹅等。禽肉在西餐中用途广泛，几乎适合任何烹调方法。西餐菜肴中常采用的禽类原料见表2-1-2。

表 2-1-2 西餐常用禽类品种

图片	名称	简介
	科尼 （Cornish Cross）	原产于英国的康瓦耳，是著名的肉用鸡。腿短、鹰嘴、颈粗、翅小，体形大。喙、胫、皮肤为黄色，羽毛紧密。体质坚实，肩、胸很宽，胸、腿肌肉发达，胫粗壮。成年公鸡重4.5～5.0kg，母鸡重3.5～4.0kg
	白洛克 （White Plymouth Rock）	原产于美国，也是著名的肉用鸡。体形大，毛色纯白，生长快，易育肥。单冠，冠、肉垂与耳叶均为红色，喙、胫和皮肤均为黄色，全身披白羽。成年公鸡重4.0～4.5kg，母鸡重3.0～3.5kg
	珍珠鸡 （Guinea fowl）	原产于非洲西部，因羽间密缀浅色圆点，状似珍珠，故名珍珠鸡。珍珠鸡按羽色可分为赤色白胸、奶油色、灰色花斑三种。成年珍珠鸡重可达1.5～2.5kg，胸肌和腿肌发达，出肉率高达90%。肉色深红，脂肪含量低，肉质与山鸡肉相似，极为鲜嫩，具有特有的野味鲜，适用于各种烹调方法
	火鸡 （turkey）	又名七面鸟或吐绶鸡，是一种原产于北美洲的家禽。火鸡体型比一般鸡大，可达10kg以上。火鸡肉质好，脂肪少，瘦肉率高，胆固醇含量低，蛋白质高，是畜禽中生产蛋白质的佼佼者

狼山鸡 （Langshan chicken）		是蛋肉兼用型鸡种之一。以产蛋多、蛋体大，体肥健壮、肉质鲜美而著称。按毛色分为黑白两种。狼山鸡是我国古老的优良地方品种，并在世界家禽品种中负有盛名。狼山鸡原产于江苏南通，该鸡集散地为长江北岸的南通港，港口附近有一游览胜地狼山，从而得名
鹌鹑 （quail）		是雉科中体形较小的一种。成鸟（雄）眉纹白色，从前额后达颈部。眼圈、眼先和颊部均为红色，耳羽也呈红色
鸭 （duck）		肉用鸭的品种主要有北京鸭、樱桃谷鸭等品种。北京鸭是现代肉鸭生产的主要品种，具有生长快、繁殖率高、适应性强、肉质好等优点，尤其适合加工烤鸭。北京鸭体型硕大丰满，挺拔美观，头大颈粗。母鸭腹部丰满，腿粗短，蹼宽厚。羽毛丰满，羽色纯白而带有奶油色光泽。喙、胫、蹼为橘黄色、橘红色。世界著名的肉用鸭，无不含有北京鸭的血统。樱桃谷鸭是由英国樱桃谷公司引进北京鸭和埃里斯伯里鸭为亲本，经杂交育成。体型外貌酷似北京鸭，属大型北京鸭型肉鸭
鹅 （goose）		一般肉用鹅大都饲养一年左右，时间再长，就会使肉质变粗老。饲养时间在 6 个月以内，重为 2.7 ~ 4.5kg 的为幼鹅（young goose）。一般 9 月宰杀较适宜，肉质较嫩。而成鹅（mature goose）饲养时间在 6 个月以上，重为 4.5 ~ 7.3kg，1 月份宰杀较好，肉质较老。鹅肉一般适合使用烤、焖、烩等烹调方法。乌棕鹅产于广东省清远县北江河两岸，体躯宽深呈楔形，结实紧凑，头小、颈细、胫矮，早熟易养，是广东优质肉鹅品种

三、水产品

　　水产品通常是指带有鳍或带有软壳及硬壳的海水和淡水动物，包括各种鱼、蟹、虾和贝类。自古以来，水产品一直是人们重要的食物来源之一。水产品包括的范围很广，可食用的水产品也很多，大致可分为鱼类和贝壳类。

1. 鱼类

　　在动物性原料中，鱼类不仅产量大，而且蛋白质等营养价值并不比陆生动物低。按平均数计算，鱼类的蛋白质含量在 15% 左右。从食用品质来说，鱼类肉质细嫩，味道鲜美，易于消化吸收。鱼类又可分为淡水鱼和海水鱼，见表 2-1-3。

表 2-1-3 淡水鱼和海水鱼

种类	图片	名称	简介
海水鱼		鲷鱼（bream）	鲷鱼又叫加吉鱼、班加吉、加真鲷、铜盆鱼。其体高侧扁，长50cm 以上，体呈银红色，有淡蓝色的斑点，尾鳍后绿黑色，头大、口小，上下颌牙前部圆锥形，后部臼齿状，体被栉鳞，背鳍和臀鳍具硬棘。中国沿海均产，但以辽宁大东沟，河北秦皇岛、山海关，山东烟台、龙口、青岛为主要产区，其中山海关产的品质最好
		石斑鱼（rudd）	体长口大，呈椭圆形，稍侧扁。具辅上颌骨，牙细尖，有的扩大成犬牙。体被小栉鳞，有些埋于皮下。石斑鱼的背鳍和臀鳍棘发达，尾鳍呈圆形或凹形。石斑鱼体色变异甚多，常呈褐色或红色，并具条纹和斑点，为暖水性的大中型海产鱼类。石斑鱼营养丰富，肉质细嫩洁白，类似鸡肉，素有"海鸡肉"之称。石斑鱼又是一种低脂肪、高蛋白的上等食用鱼，被港澳地区推为我国四大名鱼之一，是高档筵席必备的佳肴

淡水鱼	鳜鱼（mandarin fish）	鳜鱼体肥肉厚，高而侧扁，口大，口裂略倾斜，上颌骨延伸至眼后缘，下颌稍突出，上、下颌前部的小齿扩大成犬齿状，眼上侧位，前鳃后缘具 4 ~ 5 枚棘，鳃盖骨后部有 2 个平扁的棘，圆鳞细小，背鳍长，前部为棘，后部为分枝软条，身体呈黄绿色，腹部为黄白色，体两侧有大小不规则的褐色条纹。鳜鱼肉质细嫩，刺少而肉多，其肉呈瓣状，味道鲜美
	鲈鱼（weever）	又称花鲈、寨花、鲈板、四肋鱼等，俗称鲈鲛。鲈鱼肉质白嫩、清香，没有腥味，肉为蒜瓣形，最宜清蒸、红烧或炖汤。鲈鱼分布于太平洋西部、中国沿海及通海的淡水水体中，黄海、渤海较多。鲈鱼是常见的经济鱼类，也是发展海水养殖的重要品种

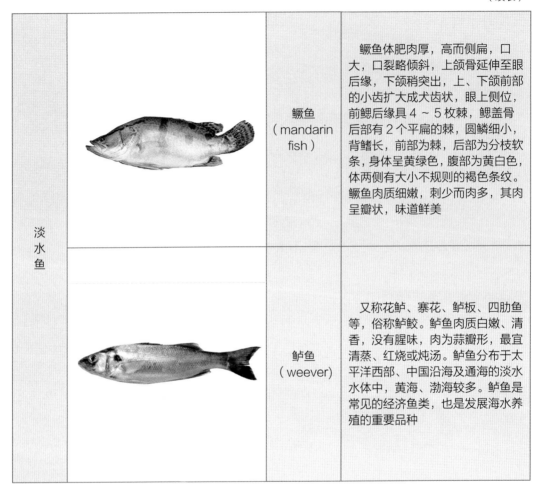

2. 贝壳类

贝壳的形状和结构差异极大，有的种类具有 1 个呈螺旋形的外壳（如蜗牛、螺、鲍）；有的种类具有 2 片瓣状壳（如蚌、蛤）；有的种类具有 8 片板状壳，呈覆瓦状排列（如石鳖）；有的种类的 1 块壳被包入体内（如乌贼、枪乌贼）；有的种类的壳甚至完全退化（如船蛆）。

贝壳类生物外壳的主要成分为 95% 的碳酸钙和少量的壳质素。一般可分为 3 层：最外层为黑褐色的角质层（壳皮），薄而透明，有防止碳酸侵蚀的作用，由外套膜边缘分泌的壳质素构成；中层为棱柱层（壳层），较厚，由外套膜边缘分泌的棱柱状的方解石构成，外层和中层可扩大贝壳的面积，但不增加厚度；内层为珍珠层（底层），由外套膜整个表面分泌的叶片状霰石（文石）叠成，具有美丽光泽，可随身体增长而加厚。常见贝壳类的种类及其肉质特点见表 2-1-4。

表 2-1-4 贝壳类的种类及肉质特点

图片	名称	简介
	海螺 （whelk）	海螺属软体动物腹足类，产于沿海浅海海底，以山东、辽宁、河北居多，产期在每年的 5—8 月。海螺贝壳边缘轮廓略呈四方形，大而坚厚，壳高达 10cm 左右，螺层有 6 级，螺口内为杏红色，有珍珠光泽。螺肉丰腴细腻，味道鲜美，素有"盘中明珠"的美誉
	大虾 （prawn）	大虾是甲壳纲动物，与蟹和龙虾相关。其中间的身体扁平而呈半透明，富有弹性，尾巴则呈扇状。大虾属节肢动物甲壳类，种类很多。包括青虾、河虾、草虾、小龙虾、对虾（南美白对虾、南美蓝对虾）、明虾、基围虾、琵琶虾、龙虾等

四、蔬果

蔬菜是指可以烹调成为菜点食品的，除谷物以外的其他植物（多属于草本）及食用菌类。生活中所指的蔬菜，常和水果分开讨论，不过也常和水果合称为蔬果。另外，蔬菜和野菜不同的地方，在于蔬菜经过人类长时间的育种，提高了食用口感和营养价值，甚至具有抗病力等特征，和原本的野生种已有明显差异，人类食用的频率也高得多。而野菜则多半未经过人类驯化，几乎均为野生种，人类也不常食用。西餐中常用的蔬果品种见表 2-1-5。

表 2-1-5 西餐中常用的蔬果品种

图片	名称	简介
	桃子 （peach）	桃子呈卵球形，表面有短柔毛。桃子汁多味美，芳香诱人，色泽艳丽，营养丰富。桃子的口感良好，通体能散发出一股能够令人心情愉悦的香味。果顶尖突，缝合线深。桃子可分为北方桃、南方桃、黄肉桃、蟠桃、油桃 5 个品种
	柑橘 （orange）	柑橘属芸香类植物。在西餐菜肴中主要用于鲜食、甜食、冷菜及少量热菜。按其特征分类：柑类呈球形，果实较大，汁多味美，耐储存，果皮较紧，但可剥离，皮质粗厚纵多，颜色为橙黄色，品种有蜜柑、欧柑、招柑等；橘类品种较多，果实大小不一，果皮和颜色有橙黄色、淡黄色和朱黄色等，果皮皮面光滑，皮层较薄，且易剥离，品种有橘、早橘、乳橘等；橙类的果实扁圆形，果皮与果肉连接紧密，不易剥离，品种有柳橙、雪橙、香水橙等
	菠菜 （spinach）	菠菜又名赤根菜，属藜科植物，原产于亚洲西南部古波斯（现伊朗）一带，唐朝时传入我国。菠菜叶鲜嫩多汁，红根味甘可食，按其叶片形状可分为尖叶菠菜和圆叶菠菜
	芹菜 （celery）	芹菜原产于地中海沿岸，汉朝时经丝绸之路传入我国，属伞形花科植物，质地脆嫩，营养丰富，具有特异香味。西餐中常使用西芹（洋芹、大棵芹、美芹），比我国的芹菜茎长而粗，叶片更大，质地脆嫩，但香味不如我国的芹菜
	生菜 （lettuce）	叶用莴苣的俗称，属菊科莴苣属。为一年生或二年生草本作物，是欧、美国家的大众蔬菜。生菜主要分球形的团叶包心生菜和叶片皱褶的奶油生菜（花叶生菜）。团叶生菜叶内卷曲，按其颜色又分为青叶、白叶、紫叶和红叶生菜。青叶生菜纤维素多，白叶生菜叶片薄，品质细；紫叶、红叶生菜色泽鲜艳，质地鲜嫩

	大蒜 （garlic）	大蒜又称蒜，为百合科葱属植物，原产于亚洲西部，呈球形，外面包着薄薄的像纸样的外皮，外皮里面是一个个的蒜瓣，有很强的刺激性气味，在西餐烹饪中用于调味，尤其是意大利菜
	土豆 （potato）	土豆又名山药蛋、马铃薯、洋山芋，属地下茎菜类。原产于南美高原，明代传入我国。土豆在西餐菜肴中使用非常广泛，可用于制作冷菜、热菜、汤、配菜等。其品种很多，按形状可分为球形、卵形、扁平形、圆锥形；按表皮颜色可分为白皮、黄皮、红皮。白皮土豆外皮光滑，内呈白色，水分较大；黄皮土豆外皮暗黄，内呈淡黄色，淀粉含量高，口味较好；红皮土豆外皮暗红，质地紧密，水分少，质量次
	胡萝卜 （carrot）	原产于地中海沿岸和亚洲西部，元代传入我国，属伞形科，一年或二年生植物，按颜色可分为黄、红、紫三种（黄的比红的营养价值高）。可食部位是胡萝卜肥嫩的肉质直根，水分多，质脆，味略甜。在西餐烹饪中使用广泛，可用于制作汤、冷菜、热菜用配菜
	辣根 (horseradish)	辣根又称马萝卜，属十字花科，多年生宿根草本植物，原产于欧洲南部。可食部位是其肉质根，长约30～50cm，其外皮较厚，暗黄色，根肉白色，水分少，有强烈的辛辣味，主要用于制作辣根汁和辣根酱
	黄瓜 （cucumber）	也称胡瓜、青瓜，属葫芦科植物。瓜形呈棒状，色泽翠绿带有光泽，瓜瓤小，瓜子少，肉质洁白，多汁脆嫩，口感清香，品质好。多用于制作冷菜，也可做配菜

（续表）

番茄 （tomato）		番茄又名西红柿，属茄科，一年生蔬菜，原产于南美北部。可食部位是其多汁的浆果。番茄用途广泛，可用来制作冷菜、热菜、沙司及汤，也可作配菜。按色泽和形状可分为红色、粉色、黄色和樱桃番茄。红色番茄呈火红色，扁圆形，蒂小，肉厚汁多，味道甜，品质较好；粉色番茄呈粉红色，近似圆球形，肉厚汁多，甜酸适中，品质也较好；黄色番茄呈橘黄色，果大肉厚，质地面沙，味道淡，品质一般；樱桃番茄即小番茄，颜色鲜红，肉厚多汁，适宜制作沙拉
辣椒 （pepper）		又叫番椒、海椒、辣子、辣角、秦椒等，属茄科，原产于美洲墨西哥、秘鲁等地。西餐菜肴中常用的辣椒是青椒，又称灯笼椒。辣椒的品种较多，按其颜色可分为青、红、黄等；按其辛辣程度可分为辛椒和甜椒。辛椒味辛辣，果小肉薄；甜椒味甜、肉厚、果形大
红菜头 （beet）		红菜头的可食部位是其根茎，多呈扁圆锥形，外皮灰黑，根肉内含有较多的甜菜红素，呈紫红色或鲜红色，与糖甜菜串色后可呈红白相间的花色。红菜头色泽鲜艳，常用来制作色拉、汤及配菜，并可作为菜肴的装饰点缀原料
花菜 （cauliflower）		花菜又名花椰菜，原产于欧洲，属十字花科，一年或二年生植物，为甘蓝的变种。可食用部位是变态的花蕾。花菜色泽洁白，肉厚坚实，质地细腻，所含纤维分布均匀，口感好，且风味鲜美，易消化。常用于制作冷菜、配菜和汤
西兰花 （broccoli）		西兰花又名绿菜花，属十字花科，也是甘蓝的一个变种，原产于意大利。可食部位是松散的小蓓蕾及其嫩茎。其主茎顶端呈绿色球状，但结球不紧密，质地脆嫩，易储存。其色泽鲜艳，呈深绿色。常用于制作配菜及菜肴的装饰
蘑菇 （mushroom）		蘑菇又名双孢蘑菇、白蘑菇、洋蘑菇、蒙古蘑菇、蘑菰、肉菌、蘑菇菌等。优质的蘑菇个大、均匀、质地嫩脆，口味鲜美。蘑菇可鲜食，也可制作成罐头，在西餐中广泛使用，适用于冷、热菜肴及汤汁的制作

	香菇 （shii-take）	香菇按照其产期的不同可分为花菇、冬菇和薄菇。成熟香菇的子实体有深棕色、圆形、大而平的菌盖，盖缘初内卷，后展平；表面呈褐色或暗褐色，往往有浅鳞片，菌肉肥厚，呈白色、菌柄白色，有浓浓的肉味。在西餐中香菇主要用于配料
	羊肚菌 （morel）	羊肚菌又称羊肚菜、羊蘑。常用作西餐调料汁和配菜中，香味浓郁，口味独特
	黑菌 （truffle）	黑菌有数十种之多，而最上等的一种是法国培里歌尔地方的产品。黑菌横切面呈现大理石的纹样，通常切成薄片使用。新鲜的黑菌即使用量很少，也能感觉到它绝妙的滋味。高级法国料理当中，黑菌是不可缺少的素材
	羽衣甘蓝 （brassica oleracea）	又名洋芥兰、叶牡丹。植株高大，根系发达。茎短缩，密生叶片。叶片肥厚，倒卵形，被有蜡粉，深度波状皱褶，呈鸟羽状，美观
	结球甘蓝 （ball cabbage）	结球甘蓝为二年生草本植物，又名卷心菜、包菜、洋白菜、茴子白等
	赤球甘蓝 （red cabbage）	赤球甘蓝又名紫甘蓝。除叶为紫红色不同于普通结球甘蓝外，其他特征与结球甘蓝基本相似。紫甘蓝为紫红色，叶脉附近略带绿色，中肋深红色，叶面白粉多，叶球扁圆形，重1.5～2kg
	皱叶甘蓝 （savoy cabbage）	皱叶甘蓝别名皱叶洋白菜、皱叶圆白菜、皱叶包菜、皱叶椰菜。它与普通洋白菜的区别在于它叶片卷皱，而不像其他甘蓝的叶那样平滑
	孢子甘蓝 （brussels sprouts）	孢子甘蓝别名芽甘蓝、子持甘蓝。叶稍狭、叶柄长、叶片勺子形，有皱纹。品种分高、矮两种类型。孢子甘蓝又可按叶球大小分为大孢子甘蓝和小孢子甘蓝

	红皮洋葱 （flammulated onion）	呈扁圆形，外皮紫红，鳞片较厚，水分少，辣味重，质地较粗。适用于做沙拉，烤食味道也不错
	黄皮洋葱 (yellow onion)	呈扁圆形或圆形，外皮为黄色，鳞片较薄，味道微辣，质地较嫩。可生食，但最好是烹调后食用
	白皮洋葱 (white onion)	分扁白皮洋葱和圆白皮洋葱两种。前者呈扁圆形，个头较小，水分多，味道辣。后者个大，色白且鳞片较厚，水分多，质地嫩，味甜，宜生吃

五、各类蔬菜在西餐中的使用方法

西餐中蔬菜的用途十分广泛，除了主菜外，还可以用作配菜、调味、装饰等。几种常见的蔬菜使用方法见表2-1-6。

表2-1-6　各类蔬菜在西餐中的使用方法

名　称	使用方法及作用
胡萝卜	胡萝卜营养丰富，富含蛋白质、维生素A等众多的营养成分，而且香气宜人。在炖煮高汤中加入胡萝卜，不但可以增加高汤的风味，更可以增加汤汁的营养成分。同时胡萝卜也有着诱人的颜色，在配菜中改刀成所需的形状大小，可以令装盘更加美观
洋葱	红洋葱香味浓郁，一般在西餐中用于煎、炒等熟制原料的调味。黄洋葱口味清淡，在西餐中常常用作色拉等清淡食物的搭配。白洋葱则常被罐装、腌制成甜酸味道，作为小食或者调味品
芹菜	芹菜在西餐中的应用十分广泛，可用作配菜、沙拉等。由于芹菜香味浓郁，可以起到去腥增香的作用，因此较多使用在腌制肉类和各式炖煮菜肴中调味

蘑菇	蘑菇的种类很多，在西餐中用途十分广泛，适合蘑菇的烹饪方法有煎、烤、炖、炒等。西餐中最为出名的蘑菇类菜肴就是"奶油蘑菇汤"
红菜头	是西餐传统的原料，由于颜色为红色，而且鲜艳，常被用作装饰，或者将其调味以后作为开胃菜来使用，传统适合它的烹饪方式多为炖、煮
番茄	无论冷菜还是热菜，装饰还是调味，都会用到番茄。番茄沙司是意大利菜中最常用的沙司
京葱	京葱香气扑鼻，略带甜味，有去腥增香的作用，可作为配菜和辅料。叶子和根部切丝宜放入油中炸脆来作为装饰
土豆	土豆是西餐中常用的一种主食，也可作为配菜。其烹饪方法有炸、煮、蒸、煎等多种

六、西餐常用调料（见表 2-1-7）

表 2-1-7 西餐常用调料

图片	名称	简介
	食盐 （salt）	食盐是人们每天生活中不可缺少的重要调味品，也是世界上使用最为广泛的调味品，其主要成分是氯化钠，此外还含有少量的氯化钾、氯化镁、硫酸钙等成分。食盐按其来源的不同可分为海盐、湖盐、岩盐和井盐，其中海盐使用最为普遍
	胡椒 （pepper）	胡椒按品质及加工方法通常可分为白胡椒和黑胡椒两种。胡椒在烹调中起提味、增鲜、合味、增香、除异味等作用。在西餐中海鲜和白肉的调味多用白胡椒，红肉的调味多用黑胡椒
	李派林 （Lea&Perrins）	李派林为传统西餐中使用广泛的调味品，因其色泽风味与酱油接近，所以也被称为辣酱油。优质李派林为深棕色的液体，无杂质，口味浓郁，酸、辣、咸、甜各味俱全，在西餐中使用比较普遍

	番茄酱 （tomato paste）	番茄酱由新鲜的成熟番茄去皮籽磨制而成，呈深红色或红色，酱体均匀细腻、黏稠适度，味酸甜，可作炒菜的调味品
	茄汁 （tomato ketchup）	最常用的调味品之一，基本原料是番茄、醋、糖、盐、众香子、丁香，肉桂、洋葱、芹菜和其他蔬菜油
	食糖 （sugar）	食糖是从甘蔗、甜菜等植物中提炼出的一种甜味调味品，主要有白砂糖、红糖、绵白糖、冰糖等品种
	醋 （vinegar）	醋按制作方法不同可分为：发酵醋、人工合成醋。醋在烹饪中起除腥解腻、增鲜味、加香味、添酸味等作用，还具有降低辣味，保持蔬菜脆嫩，防止酶促褐变，使维生素少受损失的作用 　　西餐中常用的醋主要有白醋、葡萄酒醋、果醋三种。白醋口味纯酸，无香味，主要用于制作沙拉和沙拉汁；葡萄酒醋口味酸并带有芳香气味，常用于制作沙拉，又可分为红酒醋和白酒醋两种；果醋有苹果醋、浆果醋等，色泽淡黄，口味醇，鲜而酸
	蜂蜜 （honey）	蜂蜜是蜜蜂从开花植物的花中采得的花蜜在蜂巢中酿制的蜜。蜂蜜的成分除了葡萄糖、果糖之外，还含有各种维生素、矿物质和氨基酸。在制作菜肴时可用作甜味剂
	咖喱 （curry）	咖喱是一种合成调味品,由胡椒、辣椒、生姜、肉桂、豆蔻、丁香、莳萝、荷兰芹籽、茴香、甘草、橘皮等20多种香辛料混合制成，其制作最早起源于印度。咖喱辛辣微甜，呈黄色和黄褐色，市面上有咖喱粉、油咖喱两种，在菜肴中起着提辣增香、去腥合味、增进食欲的作用

七、西餐常用香料（见表2-1-8）

表2-1-8 西餐常用香料

名称	图片	简介
百里香 （thyme）		是一种生长在低海拔地区的芳香草本植物。地中海地区的银斑百里香，为欧洲烹饪常用香料，味道辛香，用来加在炖肉、蛋或汤中。烹调时应该尽早加入，以使其充分释放香气 使用方法： a. 与其他芳香料混合成填馅，塞于鸡、鸭、鸽腔内烘烤，香味醉人 b. 烹调鱼及肉类时放少许百里香能去腥增鲜 c. 做饭时放少许百里香粉末，饮酒时在酒里加几滴百里香汁液，能使饭味、酒味清香馥郁 d. 用作汤的调味料，可使汤味更加鲜美 e. 百里香的天然防腐作用还使其成为肉酱、香肠、焖肉和泡菜的绿色无害香料添加剂。罗马人制作的奶酪和酒也都用它作调味料
薄荷叶 （mint）		薄荷叶是植物薄荷的叶子，味道清凉。薄荷叶既可作为调味剂，又可作香料，还可配酒 使用方法： 常用于制作料理或甜点，以去除鱼及羊肉腥味，或搭配水果及甜点，用以提味
细香葱 （chives）		细香葱是百合科多年生植物，鳞茎小，白色，形长，叶薄，管状 使用方法： 用于调味，特别是用作蛋、汤、沙拉和蔬菜烹调的佐料

罗勒 （basil）		罗勒产于亚洲和非洲的热带地区，属唇形科，一年生芳香草本植物，茎为方形，多分枝，常带有紫色，花呈白色略带有紫色，含有油脂。茎、叶均可作调味品，适用于意大利风味菜肴的制作
	使用方法： 　罗勒嫩茎叶柔和芳香，主要用做凉拌菜，也可炒菜、做汤，沾面糊后油炸至酥后食用，或作调味料。如用叶片洗净切丝，放于凉拌西红柿上调味，又红又绿，令人胃口大增	
龙蒿 （tarragon）		又称香艾菊、狭叶青蒿、蛇蒿、椒蒿、青蒿、他拉根香草，原产于西伯利亚和西亚。阿拉伯人统治西班牙时期，才引入欧洲。叶长且呈扁状，干后仍为绿色，香气味浓烈，近似薄荷味道。主要用于牛肉、家禽类菜肴的制作，也可泡在醋内制成他拉根醋
	使用方法： 　可以用作猪牛肉、鸡、韭菜、马铃薯、番茄、胡萝卜、洋葱、石刁柏、香菇、花椰菜、豆类、米饭等食品的调味。碎叶可加入清汤、馅料或炒蛋中，也可直接抹在烤鸡上，或混入鸡的填塞料中。新鲜叶还可用于制作醋、沙拉等调料。因香气浓，不宜多放	
迷迭香 （rosemary）	 迷迭香原产于南欧，属唇形科，常绿小灌木，高1～2m，叶对生，线形，革制，夏季开花，花为紫红色，唇形。新鲜、干制都可用于调味，口味浓重，使用不宜过多，在西餐菜肴中多作为羊肉、野味的调味品	
	使用方法： 在西餐中迷迭香是经常使用的香料，在羊排、土豆等料理以及烤制品中特别经常使用。有种特别清甜带松木香的风味，香味浓郁，甜中带有苦味 　a.迷迭香粉末通常是在菜肴烹调好以后添加少量提味使用，主要用于羊肉、鸡、鸭类。在烤制食物腌肉的时候放上一些，烤出来的肉就会特别香 　b.在调制沙拉酱的时候放入少许还可以做成香草沙拉油汁 　c.烹调菜肴时常常使用干燥的迷迭香粉（如果菜肴需要长时间加热，可以使用香气比较浓郁的干燥迷迭香） 　d.把干燥的迷迭香用葡萄醋浸泡后，可作为长条面包或大蒜面包的蘸料	

牛至 （oregano）		牛至原产于地中海沿岸、北非及西亚。由于在意大利披萨中常用到牛至调味，所以又被称为披萨草。另外还有奥勒冈、俄力冈等别名
	使用方法： 用于增香及去肉类腥味。为意大利薄饼、墨西哥及希腊菜肴不可缺少的香料。粉末亦可加入沙拉中作增香调料	
球茎茴香 （fennel）		球茎茴香别名意大利茴香、甜茴香，原产意大利南部，现主要分布在地中海沿岸地区。球茎茴香成熟时，球茎可达 250～1000g，成为主要的食用部分，而细叶及叶柄往往是在植株较嫩的时候才食用，可作馅。种子同小茴香一样具有特殊的香气，可作调料或药用
	使用方法： 球茎茴香膨大肥厚的叶鞘部鲜嫩质脆，味清甜，具有比小茴香略淡的清香，一般切成细丝放入调味品凉拌生食	
莳萝 （dill）		莳萝又名刁草、小茴香，原产于南欧，现北美及亚洲南部地区均有生产，属伞形科，多年生草本植物，叶羽状分裂，最终裂片呈狭长线状，果实椭圆形
	使用方法： 叶和果实都可作为香料，主要用于海鲜、冷菜、沙拉的制作	
鼠尾草 （sage）		鼠尾草又称艾草，以前南斯拉夫地区产的为最佳，是多年生灌木，生长很慢，叶色白、绿相间，香味浓郁。茎、叶均可调味
	使用方法： 一般人喜欢将其放入鸡鸭填料中，而且可与味道强烈的食物融合。意大利人将鼠尾草用来制作面包和浸泡油，作为健康饮食的一部分。它的独特风味，不但可去除肉类的腥味，还能够分解脂肪，加在香肠、腊肠类食品中具有良好的杀菌和防腐效果	

香茅草 （lemon-grass）		香茅草为多年生草本。秆较细弱，丛生，高40~160cm，直立，茎无毛，节部膨大。香茅草是生长在亚热带的一种茅草香料,香茅草本身散发出一种天然浓郁的柠檬香味，有和胃通气、醒脑催情的特殊功效
	使用方法： 　东南亚菜最爱用香茅草做调味料，用其把腌制入味的鲫鱼、罗非鱼捆裹好，用木炭小火慢烤至鱼熟透,食之味道鲜嫩奇香	
荷兰芹 （parsley）		别名法国香菜、洋芫荽、欧芹。原产地中海沿岸，欧美及日本栽培较为普遍。荷兰芹含有大量的铁、维生素 A 和维生素 C，是一种香辛叶菜类
	使用方法： 　食用嫩叶，作香辛蔬菜。多作冷盘或菜肴上的装饰，也可作香辛调料，还可供生食。特别是吃葱蒜后嚼一点荷兰芹叶，可消除口齿中的异味。幼苗或嫩叶部分供食用，具有很浓的芝麻香味，口感滑嫩，可炒食、上汤或凉拌	

思考题

1. 西餐中常食用的菌类有哪些？营养价值如何？
2. 在西餐常用烹饪原料中，被称作世界三大美食原料的有哪些？
3. 常用蕃茄有几种颜色？
4. 常用辣椒有几种颜色？
5. 西餐常用的香草调味品有哪些？说明其用途。
6. 西餐中常用的醋有哪些？说明其制作、特点及用途。

模块二

菜肴制作预处理

学习目标

1. 了解原料加工的意义。
2. 掌握原料加工的要求。
3. 熟悉刀工操作的基本技术。
4. 掌握蔬果类原料的各类刀工处理。
5. 掌握水产类原料的清洗、宰杀及分档切割。
6. 掌握家畜类原料的清洗、宰杀及分档切割。
7. 掌握家禽类原料的分档切割。

一、原料准备

1. 原料加工的意义

　　原料加工是菜肴制作中最基本的一道工序。原料加工有很强的技术性，它直接影响着成品的营养卫生、质量标准及成本核算。因此，这道工序的重要意义不容忽视。作为一名西式烹调师，就必须掌握原料加工的全部知识与技能。

2. 原料加工的要求

　　原料加工质量的高低直接关系到成品菜肴的质量。因此，原料加工有其必需的技术要求，具体实施方法见表 2-2-1。

表 2-2-1 原料加工的要求

名 称	具体实施
保持原料的营养成分	各种原料都可能因加工不当而使营养成分受到损失。因此，加工时要注意方法，尽可能使原料的营养成分不受损失或少受损失
保证原料的清洁卫生	原料加工是保证原料清洁卫生的重要工序，要求在加工中仔细认真，对可食部位要尽量保留，对不可食部分要去除干净，以保证菜肴的质量
密切配合不同的烹调方法	加工处理原料，一定要符合烹调方法的要求，如对短时间旺火加热的菜肴，应将原料加工成块小或刀口薄的形状，而对需长时间慢火加热的菜肴，就应将原料加工成刀口较大的形状
掌握菜肴定量	西餐的习惯吃法是每人一份，很多菜肴都是一块整料，如各种牛排、鱼排等。这就要求西式烹调师熟练掌握菜肴的定量，操作时下刀准确，使每份菜肴都符合定量的标准
合理使用原材料	合理使用是原材料加工的重要原则之一。在选择及剔除的分档取料中要做到心中有数，凡能使用的原料都应充分利用，做到物尽其用

3. 刀工操作基本技术

（1）刀工操作姿势与要求。对于西式烹调师来讲，掌握正确的操作姿势，不仅从外观上使人感到轻松优美，而且有利于提高工作效率，减少疲劳，保障身体健康。

1）刀工操作时，一般有两种站立姿势。

①八字步站法。双脚自然分立、与肩同宽，呈八字形站稳。上身略前倾，但不要弯腰屈背。目光注视两手操作的部位，身体与菜板保持一定距离。这种站法双脚承重均等，不易疲劳，适宜长时间操作。

②丁字步站法。双脚自然分立，左脚竖直向前，右脚横立于后，呈丁字形，重心落在右脚上。上身挺直，略向右侧，头微低，目光注视双手操作部位，身体与菜板保持一定距离。这种站法姿势优美，但易于疲劳，操作时可根据需要将身体重心交替放在左、右脚上。

2）握刀方法是用右手拇指、食指握住刀的后根部，其余三指自然合拢，握住刀柄，掌心稍空不要将刀柄握死，但要握稳，左手按住原料，不使之移动。操作时用小臂和手腕的力量运力，均匀后移，同时注意两手的相互配合。

刀工操作是比较细致且劳动强度较大的工作，故在操作中既要提高工作效率，又要避免伤害事故，应注意以下几点。

①操作时思想集中，认真操作，不说笑打闹。

②操作姿势正确，熟练掌握各种刀法的要领，以提高工作效率。

③操作时，各种原料、容器要摆放整齐，有条不紊。

④操作完毕，要打扫卫生，并将工具等摆放回原位。

（2）常用刀法。西餐中常用刀法主要有：切、片、拍、剁、砍劈、削旋、包卷等。

1）切是使用非常广泛的原料加工方法，主要适用于加工无骨而鲜嫩的原料。操作要领为：右手握刀，左手按住原料，刀与原料垂直，左手指的第一关节部凸出，顶住刀身左侧，并与刀身呈直角，然后均匀运刀后移，从上向下操作。

根据运刀方法的不同，切又分为直切、推切、拉切、推拉切、锯切、滚切、铡切、转切等，见表2-2-2。

表2-2-2 切的运刀方法

名　称	方　法
直切法	用刀笔直地切下去，一刀切断。运刀时既不前推也不后拉，不移动切料位置，着力点为刀的中部。这种刀法适用于一些脆、硬性原料的加工，如各种新鲜蔬菜
推切法	用刀刃垂直由上往下切压的同时把刀前推，由刀的中前部入刀，最后着力点为刀的中后部。这种刀法适宜加工较厚的脆、硬性原料，如土豆片、胡萝卜片等。也适宜略有韧性的原料，如较嫩的肉类
拉切法	用刀刃垂直由上往下切压的同时运刀后拉，由刀的中后部入刀，最后着力点在刀的前部。这种刀法适宜加工一些较细小、松脆性的原料，如黄瓜、芹菜、番茄等
推拉切法	用刀刃垂直由上往下切的同时，先运刀前推，再后拉。前推便于入刀，后拉将其切断。由刀的前部入刀，最后着力点在刀的中部。这样一推一拉，不再重复。这种刀法适宜加工韧性较大原料，如各种生的肉类原料
锯切法	锯切是推拉切的结合，用刀由上往下压切的同时，先前推，再后拉，反复数次，将原料切断。由刀的中部入刀，最后着力点仍在中部。这种刀法适宜加工较厚的并带有一定韧性的原料，如各种熟肉等

滚切法	用刀由上往下压切，切一刀后将原料相应滚动一定角度的方法。着力点一般在刀的中部。这种刀法适宜加工圆或长圆形脆、硬性原料，如胡萝卜块、土豆块等
铡切法	右手推刀柄，左手按住刀背前端，双手平衡用力，刀刃垂直由上往下压切。这种刀法适宜加工易滑的原料，如奶酪、大块黄油，也适宜原料的切碎，如葱末、蒜末等
转切法	用刀由上往下直切，切一刀将刀或原料转动一定角度，着力点在刀的中部。这种刀法适宜加工圆形的脆硬性原料，如将胡萝卜、葱头、橙子等切成月牙状

2）片也是使用广泛的刀法之一。操作要领是左手按稳原料，手指略上翘，刀与原料平行或成锐角或钝角。这种方法适宜加工无骨的原料或大型带骨的熟料。根据运刀方法的不同，片分为平刀片、反刀片、斜刀片三种。

刀与原料平行状态的片法叫平刀片。按原料性质不同，平刀片在操作中又可以分为直刀片、拉刀片、推拉刀片三种刀法，见表 2-2-3。

表 2-2-3 平刀片的三种刀法

名 称	方 法
直刀片	即从原料的右端入刀，平行前推，不向左右移动，一刀片到底，着力点在刀的中部。这种刀法适宜片质地较嫩的原料，如肉冻
拉刀片	即可从原料右前方入刀后由前往后平拉，从刀腰进刃向刀尖部移动将原料片开。这种刀法适宜片形状较小、质地较嫩的原料，如鸡片、鱼片、虾片等
推拉刀片	右手握刀，从原料中部入刀，向前平推，再后拉，反复数次，将原料片断。此种方法一般由原料下方开始片。这种刀法适宜韧性较大的原料，主要是各种生肉类

反刀片的刀法是左手按稳原料，右手推刀，刀口向外，与原料成锐角，用直刀片或推拉刀片的方法将原料自上而下斜着切下，这种刀法适宜片大型、带骨且有一定韧性的熟料，如烤牛等。

斜刀片又称抹刀片，刀法是左手按稳原料，右手持刀，刀口向里，与原料成钝角，用拉刀片的方法将原料自上向下斜着切下。这种刀法适宜片形状较小、质地较嫩的原料，如鱼、虾等。

3）拍是西餐中传统的原料加工方法。由于这种加工方法对原料的组织结构有一定的破坏性，因此目前西方国家已不再提倡，但在制作一些传统菜肴时仍然使用。在我国这种加工方法在传统西餐馆中仍普遍存在。

拍的方法主要用来加工肉类原料。它的作用：一是破坏原料的纤维，使原料的质地由硬韧变软；二是使原料的形状变薄，平面面积变大；三是使原料的表面平滑均匀。

拍的方法是：将切成块的肉类原料横断面朝上放于菜板上按平，右手握住刀把用力下拍，左手按住骨把，如无骨把，就每拍一下左手随之按住原料，以防拍刀把原料带起。为避免拍刀刀面发黏，可在刀面上抹一点清水，操作时用力的大小根据原料的韧度而定。拍的方法又可分为直拍与拉拍两种，见表2-2-4。

具体操作时常常是两种刀法交替使用，先用直拍法把原料纤维拍平，再用拉拍法把原料拍薄。

表2-2-4 拍的运刀方法

名　称	方　法
直拍	右手握拍刀，朝下直拍下去，将原料纤维拍松散。这种刀法适宜加工较嫩的原料，或是原料拍制的开始阶段
拉拍	右手握拍刀，从上往下用刀拍的同时，把刀向后或左、右拉出来，这种刀法适宜加工韧度较大的原料，或是需要拍制较薄的原料

4）剁也是西餐中常使用的原料加工方法。右手握刀，垂直向下用力，没有前推后拉的动作。剁与切不同的是抬刀高，运刀快，用力大。根据加工要求的不同，又可分剁断、剁烂、剁形三种方法，见表2-2-5。

表2-2-5 剁的运刀方法

名　称	方　法
剁断	左手按住原料，右手握刀，借用大臂力量用小臂和腕部的力量直剁下去，要求运刀准确、有力，一刀剁断，不要反复。这种刀法适宜加工带有细小骨头的原料，如鸡、鸭、猪排等
剁烂	先将原料加工成小块、小片状，然后有规则、有节律地连续用刀直剁，将原料剁烂。要求边剁边翻动原料，使其均匀一致。这种刀法适宜加工肉泥、鱼泥、虾泥等无骨的肉类原料

剁形	将经"拍"加工过的原料放在菜墩上，右手握刀，用刀尖将原料的粗纤维剁断，同时左手配合收边，逐步剁成所需形状，如树叶形、圆形、椭圆形等。要求剁得"碎而不烂"。既要将粗纤维剁断，使致密结构疏松柔软，又不要剁得过烂。这种刀法适宜加工各种肉排、鸡排等

5）其他刀法见表2-2-6。

表2-2-6　砍劈和削旋的运刀方法

名　称	方　　法
砍劈	主要要用于砍劈体积较大的带骨原料。一般用砍刀操作，运刀要准确有力，尽量不反复。如需反复，也要在原刀口处落刀，以防把原料砍碎
削旋	主要用于蔬菜、水果等原料的去皮和旋形，如将土豆、胡萝卜削成橄榄形、球形等。一般用小刀操作，要求运刀流畅、准确，用最少的刀数把原料削旋成形

6）包卷的操作方法是把经拍刀加工成薄片的原料平铺在菜墩上，用刀尖把纤维剁断，剁时要掌握"碎而不烂"的原则。剁好后，仍把原料平铺在菜墩上，再把一定形状的馅心放在中央，然后用刀的前部把原料从两侧向中部包严，操作时可以在刀上抹些水，以免黏刀。

包卷的质量要求：

①外形美观，符合菜肴的形状规格。

②要把馅心包严，不能在加热时漏馅。

③要把原料包均匀，不能有的部位厚、有的部位薄，以至在加热时不能同时成熟。

（3）加工工具的使用与保养（见表2-2-7）

表2-2-7　加工工具的使用与保养

名　称	使用与保养
刀具的保养	1）刀具用过后应用清水洗净，再用清洁干布擦干水分，以防氧化，出现锈斑 2）将刀具固定放在刀架上或刀箱内，以防刀具碰损 3）刀不锋利时，可用磨刀棒轻轻磨，如较钝时，就应用磨石磨。磨刀时要注意把刀刃的两面及前后部位都均匀磨到，以防刀刃出现凹凸不平现象

刀刃的鉴别	将刀口朝上，如不能反射出光线，则表明刀刃锋利，或用手指在刀刃上横向轻拉，如有涩感，也表明刀刃很锋利
菜板的保养与使用	菜板有树脂和木质两种。树脂菜板干净、耐用，但韧性差。木质菜板以榆木、银杏木、皂荚木等木质硬的木材制成。其优点是木质紧密，不夹刀、不易沾带污物，易于冲洗，较卫生，缺点是易损刀刃，板面易损坏。菜板适宜切配冷菜、蔬菜等脆嫩性原料。菜板在使用后应刷洗干净，然后擦干
菜墩的使用与保养	1）菜墩有树脂和木质两种。树脂菜墩耐用，也较卫生，易清洗，但韧性差，易损刀刃。木质菜墩以银杏木、皂荚木、榆木、柳木等为佳。优质的木菜墩不空心、不结疤、树皮完整、墩面微青、木质紧实、纤维垂直、有韧性、不损刀刃。菜墩适宜加工动物性原料，尤其适宜剁、砍、拍等加工方法 2）新的菜墩要放在盐水中浸泡后再使用，并经常用盐和水涂在墩面上保养，以使纤维收缩，结实耐用。菜墩使用后要刮洗净，但不要在太阳下暴晒，以防干裂

4. 蔬菜类原料的洗涤和刀工处理

西餐中蔬菜的品种很多，其原料加工的方法也各不相同。

蔬菜原料加工的一般原则是：去除不可食用部位，如纤维粗硬的皮叶及腐烂变质部分；清洗污垢，如泥土、虫卵等；保护可食用部分不受损失。

（1）蔬菜原料的类型见表2-2-8。表2-2-9则分别介绍了对这些原料的洗涤和初加工方法。

表2-2-8 蔬菜原料的基本类型

种类	介绍
叶菜类蔬菜	叶菜类蔬菜是指以脆嫩的茎叶为可食用部位的蔬菜。西餐中常用的叶菜类蔬菜主要有芹菜、卷心菜、菠菜、生菜等
根茎类蔬菜	根茎类蔬菜是指以脆嫩的根茎为可食用部位的蔬菜。西餐中常用的根茎类蔬菜主要有土豆、胡萝卜、莴苣、洋葱、紫菜头、辣根等
瓜果类蔬菜	瓜果类蔬菜是指以果实为可食用部位的蔬菜。常见的瓜果类蔬菜主要有黄瓜、节瓜、番茄、茄子、青椒、甜椒等

花菜类蔬菜	花菜类蔬菜是以花为可食用部位的蔬菜。西餐中常用的花菜类蔬菜主要有花菜、西兰花等
豆类蔬菜	豆类蔬菜是指以豆和豆荚为可食用部位的蔬菜。西餐中常见的豆类蔬菜主要有四季豆、白扁豆、荷兰豆、豌豆等

表 2-2-9 蔬菜原料的洗涤和初加工方法

种类	方法
叶菜类蔬菜	1) 选择整理：一般采用摘、剥的方法去除黄叶、老根、外帮、泥土及腐烂变质的部分
	2) 洗净：一般用冷水洗涤，以去除未摘净的泥土、杂物等。洗后用手摸水底，感到无泥沙时，表明已洗净。夏秋季虫卵较多，可先用浓度为 2% 的盐水浸泡 5min，使虫卵吸盐收缩，浮于水面，便于洗净
	注：叶菜类蔬菜质地脆嫩，操作中应避免碰损蔬菜组织，防止水分及其他营养素的损失，保证蔬菜质量
根茎类蔬菜	1) 去除外皮：根茎类蔬菜一般都有较厚的外皮，纤维粗硬，不宜食用，多采用削、刨、刮等方法来去除外皮
	2) 洗涤：根茎类蔬菜一般用清水洗净即可。土豆含鞣酸较多，去除外皮后易氧化，发生褐变，去皮后应及时洗涤，然后用冷水浸泡，以隔离空气，避免褐变。洋葱因含有较多的挥发性葱素，对眼睛刺激较大，故葱头也可以用冷水浸泡，以减少加工中葱素的挥发，减少刺激
瓜果类蔬菜	1) 去皮或去籽：黄瓜、茄子等可视其需要去皮，甜椒、青椒等去蒂、去籽即可
	2) 洗涤：一般瓜果类蔬菜用清水洗净即可。黄瓜、番茄等如生食，则应用浓度为 0.3% 的氯亚明水或高锰酸钾溶液浸泡 5min，再用清水冲净即可
花菜类蔬菜	1) 整理：去除茎叶，削去花蕾上的疵点，然后分成小朵
	2) 洗涤：花菜类蔬菜内部易留有虫卵，可用浓度为 2% 的盐水浸泡后，使其萎缩掉落水中，再用清水洗净

豆类蔬菜	四季豆、白扁豆、荷兰豆是以豆及豆荚为可食用部位的，初步加工一般掐去蒂与顶尖，撕去侧筋，然后用清水洗净即可。豌豆以豆为可食用部位，初步加工时剥去豆荚，洗净即可

（2）蔬菜原料的刀工成形方法主要有粒、丝、块、片、末、条、丁等。

1）蔬菜丝的加工方法见表 2-2-10。

表 2-2-10 蔬菜丝的加工方法

种类	适用蔬菜品种及方法
切顺丝	胡萝卜、芹菜、辣根、紫菜头等蔬菜大都应顺纤维方向切成顺丝 ①将原料切成 3 ～ 5cm 长短相同的段 ②将段顺纤维方向切成 1 ～ 2mm 厚的薄片 ③再将片叠起，顺纤维方向切成丝
切横丝	菠菜、生菜、卷心菜等叶菜类蔬菜，由于质地脆嫩，大部分应逆着纤维横切成丝 ①去除叶梗，并将叶片切成适当的片 ②将菜叶叠放在一起，逆着纤维方向切成所需要宽度的丝
竹筛棍	这是一种较短的蔬菜丝，主要用于土豆、芹菜、胡萝卜等的加工 ①将原料切成 1.5cm 长短相同的段 ②再顺长切成 3mm 厚的片 ③再将片切成 3mm × 15mm 的丝
洋葱丝	①将洋葱剥去老皮，切除根尖两端，纵切成两半 ②顺纤维弧线运刀，切成薄厚切匀的片 ③抖散成丝即可
青椒丝	①青椒去根蒂、去籽，纵切成两半 ②再切去尖、根部，用刀片去内筋 ③顺纤维方向切成均匀的丝

2）蔬菜粒、丁、块的加工方法见表 2-2-11。

表 2-2-11 蔬菜粒、丁、块的加工方法

种类	适用蔬菜品种及方法
小方粒	主要用于洋葱、胡萝卜、蒜、芹菜等蔬菜的加工 ①将蔬菜切成 2mm 厚的片 ②再将片切成 2mm 宽的丝 ③再将丝切成 2mm×2mm×2mm 的小方粒
方丁	主要用于胡萝卜、芹菜、土豆、紫菜头等蔬菜的加工 ①将蔬菜切成 0.5cm 的厚片 ②再将片切成 0.5cm 的丝 ③再将丝切成 0.5cm×0.5cm×0.5cm 的方丁
块	主要用于胡萝卜、土豆、紫菜头等原料的加工 ①将蔬菜切成 1cm 厚的片 ②再将片切成 1cm 宽的条 ③再将条切成 1cm×1cm×1cm 的块
番茄粒	①番茄洗净，顶部打十字刀 ②用沸水烫后，入冰水浸泡，然后剥去外皮 ③横向切成两半，挤出籽 ④将切口朝下，用刀片成厚片，再直切成条 ⑤再将条切成大小均匀的粒

3）蔬菜片的加工方法见表 2-2-12。

表 2-2-12 蔬菜片的加工方法

种类	适用蔬菜品种及方法
切圆片	主要用于胡萝卜、黄瓜、土豆等蔬菜的加工 ①将原料去皮，加工成圆柱状 ②从一端切薄片

切方片	主要用于胡萝卜、紫菜头等蔬菜的加工 ①将蔬菜去皮，切掉四面成长方形 ②再将长方形切成 1cm×1cm 左右的长方条 ③从一端将长方条切成 1～2mm 厚的方片
土豆片	①将土豆去皮，切成长方形六面体 ②从一端切成相应厚度的片，放入冷水中浸泡 ③ 1mm 厚的片用于炸土豆片，2mm 厚的片用于烤或焗，3mm 厚的片用于炸气鼓土豆，4mm～1cm 厚的片用于炒、煎
沃夫片	主要用于土豆、胡萝卜等蔬菜的加工 ①将原料去皮削成直径为 2cm 的圆柱 ②用波纹刀或沃夫刀，从一端先切下，然后再将原料转动 45°～90° 角，切第二刀，以此类推，将原料切成蜂窝状的片
番茄片	①番茄洗净，果蒂横向放置 ②用刀拉成 3～5mm 厚的片

4）蔬菜末的加工方法见表 2-2-13。

表 2-2-13 蔬菜末的加工方法

种类	适用蔬菜品种及方法
洋葱末	①洋葱剥去老皮，去除头部，保留部分根部，纵切成两半 ②用刀直切成丝，但根部勿切断 ③将洋葱逆转 90°，左手持刀，平刀片 2～3 刀，根部勿断 ④按住根部，用刀从头部将洋葱切下成粒 ⑤再将葱粒进一步斩碎即可
蒜末	①蒜剥去外皮，纵切成两半，摘除蒜芽 ②用刀侧面按住蒜瓣，用手拍压刀面，将蒜拍成碎块 ③再将碎块斩碎即可

荷兰芹末	①将荷兰芹叶摘下，洗净 ②用刀斩碎成末 ③用净纱布包好，清水洗出浆汁，并挤出水分，抖散即可

5）土豆的切割方法见表 2-2-14 。

表 2-2-14 土豆的切割方法

种类	方法
土豆丝	①将土豆洗净，去皮 ②切成 1 ~ 2mm 厚的片 ③将片再切成 1 ~ 2mm 宽的细长丝
土豆棍	①土豆洗净，去皮，切成 5 ~ 6cm 的长段 ②将段切成厚 3mm 左右的片 ③再将厚片顺长切成 3mm 宽的棍
直身土豆条	①土豆洗净，去皮，切成 5mm 厚的片 ②再将片切成 3 ~ 4cm 长、2cm 宽的长方形片状的条
波浪土豆条	①选大个土豆洗净，去皮，顺长切成 1cm 宽的条 ②用波纹刀或沃夫刀片切成 1cm 厚的片 ③再将片用波纹刀或沃夫刀切成长 5cm、宽 1cm 左右的条
扒房土豆条	①土豆洗净，去皮，切成 5mm 厚的片 ②再将片切成 3 ~ 4cm 长、2cm 宽的长方形片状的条

6）蔬菜橄榄球的加工方法见表 2-2-15。

表 2-2-15 蔬菜橄榄球的加工方法

种类	方法
小橄榄球	主要用于胡萝卜、土豆等蔬菜的加工 ①将原料切成长 3 ~ 4cm、宽 2cm、高 2cm 左右的长方体 ②用小刀削成长 3 ~ 4cm，中间高 1 ~ 2cm 的形似橄榄的小橄榄球即可

英式橄榄球	主要用于胡萝卜、土豆等蔬菜的加工
	①将原料切成长 5 ~ 6cm、宽 3cm、高 3cm 左右的长方体 ②再用小刀削成长 4 ~ 5cm，中间高 2cm 左右，由六七个面构成的形似橄榄状的细长形橄榄球
波都古堡式橄榄球	主要用于土豆的加工
	①将土豆洗净，去皮，削成长 5 ~ 6cm、直径 3 ~ 4cm 的圆柱体 ②再将圆柱体用小刀削成长 5 ~ 6cm、中间直径 2.5 ~ 3cm、两端直径 1.5 ~ 2cm，由六七个面构成的形似腰鼓状的橄榄球

5. 水产类原料的宰杀、清洗及分档切割

西餐烹调的常用水产包括鱼类、贝类、虾、蟹和部分软体动物。

（1）鱼类原料的初加工方法。由于西餐中使用的鱼类原料大多数是去骨原料，鱼类原料的初加工主要是对其进行剔骨处理。由于鱼类形态各不相同，烹调方法也存在差异，故其初加工方法也不尽相同，见表 2-2-16。

表 2-2-16 鱼类原料的初加工方法

种类	适用品种及方法
鲈鱼	此加工方法适用于鲈鱼、鳜鱼、鲷鱼、鳟鱼、草鱼、墨鱼、三文鱼等圆锥形或纺锤形鱼类的鱼柳加工
	1）将鱼去鳞，去内脏，洗净 2）将鱼头朝外放平，用刀顺鱼背鳍两侧将鱼脊背划开 3）用刀自两个鱼鳃下斜着各切出一个切口至脊背 4）运刀从头部切口处入刀，净贴脊骨，从头部向尾部小心将鱼肉剔下 5）将鱼身翻转，再从尾部向头部运刀，紧贴脊背将另一侧鱼肉剔下 6）将剔下的部分的鱼皮朝下，并用刀在尾部横切出一个切口至鱼皮处。一只手捏住尾部，另一只手运刀从切口处将整张鱼皮片下即可
比目鱼	此加工方法适用于比目鱼类的鱼柳加工
	1）将鱼洗净，剪去四周的鱼鳍 2）用刀在正面鱼尾部切一个小口，将正面鱼皮撕开一点 3）一只手按住鱼尾，另一只手涂少许盐，捏住撕起的鱼皮，用力将正面的鱼皮撕下。背面也采用同样的方法撕下鱼皮 4）将鱼放平，用刀从头至尾从脊骨处划下，然后再用刀将鱼脊骨两侧的鱼肉剔下 5）将鱼翻转，另一面朝上，用同样的方法将鱼肉剔下即可

沙丁鱼	1）用稀盐水将沙丁鱼洗净，刮去鱼鳞 2）切掉鱼头，并用刀斜着切开部分鱼腹，然后将内脏清除，并用冷水洗净 3）用手指将尾部的脊骨小心剔下、折断，与尾部分开 4）捏着折断的脊骨慢慢将整条脊骨拉出来即可
虹鳟鱼	1）先将虹鳟鱼的胸鳍、背鳍剪去，再去掉鳃，刮去鱼鳞 2）在鱼肛门处划一小口，再用手在鱼鳃开口处用力向下按鱼的内脏，使其从肛门处顶出，然后洗净

（2）其他水产原料的初加工方法（见表2-2-17）

表2-2-17 其他水产原料的初加工方法

种类	方法
大虾	方法一：将虾头、虾壳剥去，留下虾尾。用刀在虾背处从前至尾剖开，取出虾肠，将虾洗净。这种加工方法在西餐中应用较为普遍 方法二：将大虾洗净，用剪刀剪去虾须和虾足，再将虾头上端剪一个小口挑出砂囊，最后将5片虾尾中较短的一片拧下后拉，把虾肠一起拉出。这种方式适合铁扒大虾菜肴的初加工
蟹	方法一：用水洗净，摘下腹甲，取下蟹壳，然后取下白色蟹腮，并将其他杂物清除，再用水冲净。将蟹从中间切开，然后取出蟹黄及蟹肉。用小锤将蟹腿、蟹螯敲碎，再用竹签小心将肉取出即可 方法二：将蟹煮熟，取下蟹腿，用剪刀将蟹腿一端剪掉，然后用擀面杖在蟹腿上向剪开的方向滚压，挤出蟹腿肉。将蟹螯扳下，用刀敲碎其硬壳后，取出蟹螯肉。将蟹盖掀下，去掉蟹腮，然后将蟹身上的肉剔出即可
牡蛎	1）用清水冲洗牡蛎，并清除掉硬壳表面的杂物 2）右手握住牡蛎刀，左手拿住牡蛎，用左手拇指关节稳住牡蛎 3）牡蛎的连接点在前，可把刀插进牡蛎盖与凹进的贝壳之间，把刀刃放在连接点处，用力挤压刀刃，以便通过侧面移动将刀刃插进两个盖子之间，切断支撑它们的筋，将牡蛎壳撬开 4）用刀刃在贝壳内滑动，斜着向上将牡蛎肉与贝壳分开，剔下完整的牡蛎肉，保留汁液，清除在加工时所留下的贝壳碎片 5）将牡蛎壳洗净、沥干，然后将牡蛎肉放回壳内即可
贻贝	1）将贻贝清洗干净，撕掉海草等杂物 2）放入冷水中，用硬刷将贻贝表面擦洗干净

墨鱼	1）纵向将软骨上面的皮切开，然后剥开墨鱼背，撕去软骨，并摘除体内的内脏及墨鱼爪 2）拉着墨管前段撕下墨袋 3）去掉尾鳍，剥除外皮 4）切除墨鱼体周边较硬部分，清洗干净即可

6. 家畜类原料的分档切割

（1）畜肉类原料的初步处理。西餐中常用的畜肉类原料主要有牛肉、羊肉、猪肉等，既有新鲜的，也有冷冻的，见表 2-2-18。

表 2-2-18　畜肉类原料的初步处理

种类	处理方法
鲜肉	鲜肉指屠宰后尚未经过任何处理的肉类。鲜肉最好即时使用，以免因储存时间过长而造成营养素及肉汁的损失。鲜肉如暂不使用，应先按其要求分档，然后再储存于冷库中
冻肉	冻肉解冻应遵循缓慢解冻的原则，以使肉中冻结的汁液恢复到肉组织中，从而减少营养成分的流失，同时也能尽量保持肉的鲜嫩
	1) 空气解冻法。将冻肉放在 12 ~ 20℃的室温下自然解冻，这种方法时间较长，但肉中的营养成分及水分损失较少 2) 水泡解冻法。将冻肉放入水中解冻，这种方法传热快，解冻时间短，但肉中的营养成分损失较多，使肉的鲜嫩程度降低。此法虽然简单易行，但不宜使用 3) 微波解冻法。利用微波炉解冻，这种方法时间短，肉的营养成分及水分损失也较少。但解冻时一定要将肉类原料密封后，再放入微波炉中解冻

（2）畜肉类原料的分档取料。畜肉类原料不同部位的成分和理化性质是不同的。一般来说，肉胴体的前部和下部结缔组织较多，肉纤维也较粗硬，含水分少，肉质老。肉胴体的上部和后部结缔组织较少，含水分多，肉纤维较细，肉质也较嫩。

对畜肉类原料进行分档，就是把不同部位的肉分别取下，以便根据其质量特点恰当使用，这样既保证了材料的质量，又可以节约原料、降低成本，做到物尽其用。

1）牛肉的分档取料见表 2-2-19。

表 2-2-19 牛肉的分档取料

名称	品质	适合方式
后腱子	结缔组织多，肉质较老，不易软烂，但口感较好	宜用长时间的烹调方法烩、焖及制汤
米龙	肉质较嫩	一流的肉质适宜铁扒煎，较次的肉质则适宜烩、焖等
和尚头	又称里仔盖，肉质较嫩	适宜烩、焖等。一流的肉质适宜烤等
仔盖	又称银边，肉质较嫩	适宜煮、焖
腰窝	又称后腰，肉质较嫩	适宜烩、焖等
外脊	外脊是牛脊部分，肉质鲜嫩，仅次于里脊肉	剔去骨骼及筋膜可做西冷肉排，如带骨使用，可做 T 骨牛排。适宜烤、铁扒、煎等
里脊	在牛的脊背后部两侧，一边一条，肉质鲜嫩，纤维细软，含水分多，是牛肉中最鲜嫩的部位	适宜烤、铁扒、煎等
硬肋	又称短肋，肉质较老，但肥瘦相间，味道香醇	适宜烩、焖及制作香肠、培根等
牛腩	又称薄腹，肉质软薄有白筋	适宜烩、煮及制作香肠等
胸口	胸口肉质肥瘦相间，但筋比肋条少	适宜煮、烩等
上脑	上脑在外脊的前部，肉质较鲜嫩，仅次于外脊肉。上脑肉肌间脂肪较多，风味香醇	一流的肉质适宜煎、铁扒，较次的肉质适宜烩、焖等
前腱子	肉质较老	适宜焖及制汤

前腿	肉质较老	适宜烩、焖等
颈肉	肉质较差	适宜烩及制香肠
牛尾	结缔组织较多，但有肥有瘦，风味独特	可用来做汤菜

2）羊肉的分档取料见表2-2-20。

表2-2-20 羊肉的分档取料

名称	品质	适合方式
前肩	脂肪少，但筋质较多	适宜烤、煮、烩等
后腿	脂肪少，肉质较嫩	适宜烤、煮等
胸口	结缔组织较多，脂肪较多，肥瘦相间，风味香醇	适宜烩、煮等
肋眼	又称中颈，肉质较嫩，脂肪较多	适宜烩等
颈部	肉质较老，筋也较少	适宜烩、煮汤等
肋背部	肉质鲜嫩	适宜烤、铁扒、煎等
羊马鞍	是指带有脊骨的两条羊排，肉质鲜嫩	适宜烤、铁扒、煎等
巧脯	肉质鲜嫩	适宜烤、铁扒、煎等

3） 猪肉的分档取料见表2-2-21。

表 2-2-21 猪肉的分档取料

名称	品质	适合方式
猪蹄	又称猪脚，肉少筋多	适宜煮、腌渍等
前肩肉	肉质较老，筋质较多	适宜煮、烩、制香肠
上脑	肉质较嫩，脂肪较多	适宜煮、烩、烤等
外脊	肉色略浅，肉质鲜嫩	适宜煎、烤、铁扒等
里脊	里脊是猪肉中最细嫩的部分，无脂肪	适宜烤、煎等
短肋	又称五花肋条，有肋骨的部位称为硬肋，无肋骨的部位称为软肋	适宜烩及制作培根
腹部	又称腩肉，五花肉，肉质较差	适宜煮、烩、制馅或烟熏
后臀	后臀部由臀尖、坐臀和后腿三个部位构成，肉质较嫩，肥肉较少	适宜炒、炸、烩、焖等
前腿	肉质较老，筋质较多	适宜煮、焖、烩类菜肴

（3）畜肉类原料的刀工成形见表 2-2-22。

表 2-2-22 畜肉类原料的刀工成形

成形	种类	方法
肉片	里脊、外脊、米龙	1) 将原料去骨、去筋，清除多余的脂肪 2) 沿横断面切成所需规格的片 3) 如肉质较老，可用拍刀等轻拍，使其肉质松散
肉丝	里脊、外脊、仔盖	1) 将原料去骨、去筋及多余的脂肪 2) 逆纤维方向切成 0.5 ~ 1cm 厚的片 3) 再将片切成 5 ~ 7cm 长的丝

肉块	前腿、后臀、里脊、外脊	1) 大块：主要用于焖、烤菜肴原料的加工。一般每块重量大约在 750 ~ 1000g 左右。块的形状因不同畜肉的不同部位的差异而不尽相同，一般是顺其自然形状进行刀工处理 2) 四方块：主要用于烩制菜肴原料的加工。将原料去筋、去骨及多余的脂肪，切成 3 ~ 5cm 见方的块即可 3) 小块：主要用于串烧菜肴原料的加工。原料一般多用肉质鲜嫩的里脊肉、外脊肉等。将原料去骨、去筋，清除多余的脂肪，切成 1.5 ~ 2cm 见方的肉块即可
里脊肉排	里脊	1) 将里脊肉去筋，清除多余的脂肪 2) 切去粗细不均匀的头尾两端 3) 逆纤维方向将其切成厚 2 ~ 3.5cm 左右的片 4) 将肉横断面朝上，用手按平，再用拍刀拍成厚 1.5cm 左右的圆饼形 5) 最后将肉排四周用刀收拢整齐即可
外脊肉排	外脊	1) 将原料去骨，并根据需要去筋及脂肪。一般外脊牛排需保留筋膜及部分肥膘，羊排、猪排则要去掉筋及脂肪 2) 逆纤维方向切成所需规格重量及厚度的片 3) 如肉质较老，则可用拍刀拍松。如带有肥膘的肉排，还应用刀将肥膘与肌肉间的筋膜点剁断，以防止其受热后变形

7. 禽类原料的分档切割

（1）禽类原料的初步处理（见表 2-2-23）

表 2-2-23 禽类原料的初步处理

种类	介绍
活禽	使用较少。一般这种原料在使用前进行宰杀处理
未开膛死禽	这种原料一定要及时开膛、洗涤，然后再储存。因为禽类的内脏含有大量的细菌，如不及时清除，易使禽肉腐败变质
净膛禽	这种原料使用较普遍。冷冻的净膛禽如不使用则不要解冻，应及时入冷库储存，使用时再进行解冻（冷冻禽类的解冻，同样要遵循缓慢解冻的原则，其方法与前述冻肉的解冻方法相同）

（2）禽类原料的初步加工方法（见表 2-2-24）

表 2-2-24 禽类原料的初步加工方法

步骤	种类	方法
开膛	腹开	这种方法最为普遍，其操作方法是先在颈部与脊椎骨之间开一个小口，取出食嗉，然后剁去爪子、头部，割去肛门，再于腹部横切 5～6cm 长的口，这种方法叫"大开"。若在腹部竖切 4～5cm 的口，这种方法叫"小开"。一般大型禽类宜用"大开"的方法，小型禽类宜用"小开"的方法。开口后，伸进手指轻轻拉出内脏，再抠去两瓣肺叶。操作时应注意不要将肝脏及苦胆弄破。最后用刀剔除颈部的 V 形锁骨
	背开	颈根部至肛门处，用大刀将脊背骨切开，然后取出内脏。这种方法一般多用于铁扒等菜肴的制作
	肋开	在禽类的右翼下开口，然后将内脏、食嗉取出即可
洗涤整理	整禽整理	净膛后的禽类要及时清洗干净，清洗时要检查内脏是否掏净，然后将翅膀别在背后，把双脚插入肛门切口内即可
	内脏整理	肫：将其所连带的食管割去，用刀剖开，剥去黄色内壁膜，洗涤干净即可 　　肝脏：摘去附着的苦胆，注意不要将苦胆弄破，然后洗涤干净 　　心脏：较容易整理，洗涤干净即可
禽类的分档取料		西餐中常用的禽类原料主要有鸡、鸭、鹅、火鸡、鸽子、鹌鹑等，其肌体构造大致相同。现以鸡为例来加以说明
		1）用刀将鸡腿内侧与胸部相连接的鸡皮切开 　　2）握住鸡腿，用力外翻，使大腿部关节与腹部分离露出大腿关节处 　　3）用刀沿着鸡腿的关节入刀，将鸡腿卸下 　　4）用手指扣住翅膀骨，用刀割开翅膀骨和锁骨的关节，将翅膀用力外拉，使鸡骨架部位与鸡胸部分离 　　5）用刀尖挑断鸡里脊肉与胸骨连接的筋，用手指轻轻顺着里脊肉的方向将它取下 　　6）将鸡分割成鸡腿、鸡脯、里脊肉、骨架四大类，整理干净即可

二、菜肴制作准备

1. 菜肴的初步热加工

初步热加工即对原料过水或过油的初步处理步骤。这种加工过程不能算是一种烹调方法，而是制作菜肴的初步加工过程。

菜肴的初步热加工有冷水加工法、沸水加工法和热油加工法三种，见表 2-2-25。

表 2-2-25 菜肴的初步热加工法

名称	加工过程	适用范围	加工目的
冷水加工法	将被加工原料直接放入冷水中加热至沸，再捞出原料并用冷水过凉	适宜加工动物性的原料，如牛骨等	（1）除去原料中的不良气味 （2）除去原料中残留血污、油脂、杂质等 （3）缩短正式加热的时间 （4）为食物的储存做准备
沸水加工法	把被加工原料放入沸水中，加热至所需火候，再用冷水或冰水过凉	适用范围广泛，蔬菜类原料如番茄、芹菜、豌豆、菜花、西兰花等，荤菜类原料如牛肉块、鸡肉块等	（1）使原料吸收一部分水分，体积膨胀，如加工豌豆 （2）使原料表层紧缩，关闭毛细孔以避免其水分及营养成分的流失，如加工鸡肉块、牛肉块等 （3）使原料的酶失去活性，防止其变色，如加工菜花、西兰花等 （4）便于剥去水果或蔬菜的表皮，如加工番茄等 （5）使蔬菜中的果胶物质软化，易于烹调，如加工芹菜、扁豆等
热油加工法	将被加工原料放入热油中，加热至所需火候取出备用	适宜加工土豆及大块的牛肉、鸡肉等	（1）使原料表面至熟，为进一步加热上色做准备，如加工土豆条 （2）使原料表层失去部分水分，形成硬壳，以减少原料水分的流失，如加工牛肉块等

2. 基础汤烹制

基础汤（stock）是用微火长时间烹调提取的一种或多种原料的原汁，含有丰富的营养成分和香味物质。它是制作汤菜、沙司的基础，因此是西餐厨房必备的半成品。

基础汤不是成品汤，但它直接影响汤菜的质量。因此，基础汤的质量好坏也是衡量一个厨师工作质量的重要标准之一。

基础汤主要有白色基础汤、布朗基础汤和鱼基础汤三种，见表2-2-26。

表2-2-26 三种主要的基础汤

种类	介绍
白色基础汤	包括牛基础汤、小牛基础汤、鸡基础汤等，用于白沙司、白烩菜肴、黄烩菜肴等的制作
布朗基础汤	布朗基础汤包括牛基础汤、羊基础汤、小牛基础汤、野味基础汤等，主要用于布朗沙司、红烩红焖菜肴等的制作
鱼基础汤	鱼基础汤从色泽上看属白色基础汤，但鱼基础汤的制法与其他白色基础汤不同，所以单分为一类，主要用于鱼类菜肴制作

（1）基础汤的制法

1）白色基础汤的一般制法

①原料。清水4L，生骨头2kg，蔬菜香料（洋葱、芹菜、胡萝卜）0.5kg，香料包（百里香、香叶、荷兰芹）1个，黑胡椒12粒。

②制作方法

a. 将生骨头锯开，取出油与骨髓。

b. 放入汤锅内，加入清水煮开。

c. 及时撇去浮沫，将汤锅周围擦净，并改微火，使汤保持微沸。

d. 加入蔬菜香料、香料包及黑胡椒粒。

e. 小火煮4～5h，并不断地撇去浮沫和油脂。

f. 最后用细筛过滤。

在烹调中，会有一定量的水分蒸发，因此，在煮汤的过程中可以加少量的热水来补充一定的水分。

2）布朗基础汤的一般制法

①原料。同白色基础汤原料，另加番茄酱40g。

②制作方法

a. 将骨头锯开，放入烤箱中烤成棕红色。

b. 滤出油脂，将骨头放入锅内，加入清水煮开，撇去浮沫。

c. 将蔬菜切片，用少量油将其煎至表面棕红色，加入番茄酱炒至棕褐色，滤出油脂后倒入汤锅中。

d. 加入香料包、黑胡椒粒。

e. 用小火煮 6h，并不断撇去浮沫及油脂。

f. 然后用细筛过滤。

在制作布朗基础汤时，可加入一些碎番茄、蘑菇丁等，以增加汤的色泽及香味。

3）鱼基础汤的制作

①原料。水 4L，比目鱼或其他白色鱼骨 2kg，洋葱 200g，黄油 50g，黑胡椒 6 粒。荷兰芹梗，柠檬汁适量。

②制作方法

a. 将黄油放入厚底锅中，烧热。

b. 放入洋葱片、鱼骨及其他原料，加盖，用小火煎 5min。

c. 加入冷水煮开，撇去浮沫及油脂。

d. 用小火煮 45min 左右，并不断撇去浮沫及油脂。

e. 最后用细筛过滤。

（2）烹饪基础汤的注意事项（见表 2-2-27）

表 2-2-27 烹饪基础汤的注意事项

注意事项	说明
选料原则	应选鲜味充足又无异味的原料，这些原料大都含有核苷酸、肽、琥珀酸等鲜味成分。其中，同一种动物生长期长的比生长期短的鲜味成分多。在同一个动物体上，肉质老的部位比肉质嫩的部位鲜味成分多。另外，不新鲜的骨头、肉或蔬菜都会给基础汤带来不良气味，而且基础汤也易变质
用料比例	制作基础汤时，汤料与水的比例一般是 1：3。但也不是绝对的，用于高档宴会的基础汤，汤料与水的比例可为 1：2；用于便餐的基础汤，汤料与水的比例可为 1：5。但汤料含量不宜过少，否则汤就会失去鲜味，影响菜肴的质量
制作过程	1）制作基础汤时，汤中的浮沫和油脂应及时取出，否则会在煮制时融入汤中影响基础汤的色泽和香味 2）基础汤在煮制过程中，应使用微火，使汤保持在微沸状态，如用大火煮，会使汤液蒸发过快，使基础汤变得浑浊 3）煮汤的过程中不应加盐，因为盐是一种强电解质，会使汤料中的鲜味成分不易溶出

3. 沙司的作用及分类

沙司（sauce）是指厨师专门制作的菜点调味汁。在西餐厨房中，制作沙司是一项非常重要的独立工作，须由受过训练、具有经验的厨师专门制作。这种将调味汁与菜肴主料分开烹调的方法是西式烹调的一大特点。

（1）沙司是西餐菜点的重要组成部分，在整道菜肴中具有举足轻重的作用，归纳起来主要有以下几方面作用。

1）确定和增加菜肴的口味。各种不同的沙司由不同的基础汤汁制作，这些汤汁都含有丰富的鲜味成分。同时，能把各种调味品融入到沙司中，使菜肴富有口味。大部分沙司都有一定的浓度，能均匀地裹在菜肴的表面，这样就能使一些加热时间短，未能充分入味的菜肴同样富有滋味。一些用沙司直接调制的菜肴，其味就主要由沙司来确定。一些单配沙司的菜肴也能使菜肴增加美味。

2）增加菜肴的美观。各种各样的沙司由于制作时使用的原料不同而具有不同的颜色。在制作沙司时使用油脂，可使沙司的色泽鲜艳光亮。在菜肴上淋沙司时可绘出一些图案，能使菜肴更加美观。

3）改善菜肴的口感。西餐菜肴中，尤其是烧烤类菜肴，由于原料较大，水分损失较多，口感不是很滋润。沙司淋在原料上，在食用时，可以改善菜肴的口感。

4）保持菜肴的温度。由于绝大多数沙司都含有油脂，油脂有传热慢的特点，并且沙司有一定浓度，可以裹在菜肴的表层，这样就可以使菜肴内部的热量不易散发，同时还可以防止菜肴风干。

（2）沙司按性质可分为热沙司、冷沙司、甜沙司等；按浓度可分为固体沙司、稠沙司、稀沙司、清沙司等。

4. 配菜在西餐中的作用及分类

配菜是热菜肴不可缺少的组成部分。西餐菜肴一般在主要部分烹制完成后，还要在盘子的边上或在另一个盘子内配上一定量加工成熟的蔬菜或米饭、面食等，从而组成一道完整的菜肴。这种与主料相搭配的菜品就叫配菜。

（1）配菜的的作用

1）使菜肴造型色泽更富美观。各种配菜多数是用不同颜色的蔬菜制作的，而且要求加工精细，一般要加工成一定的形状，如条状、橄榄状、球状等，从而增加菜肴的色彩，使菜肴整体更加美观。

2）使菜肴营养搭配均衡合理。西餐热菜大多数是用动物性原料制作的，而配菜一般由植物性原料制作，这样就使一份菜肴既有丰富的蛋白质、脂肪，又含有丰富的维生素、无机盐，从而使营养搭配更趋合理，以达到营养全面的目的。

3）使菜肴富有风味特点。配菜品种很多，使用时虽有较大的随意性，但也有一定规律可循。例如，一般水产类菜肴配煮土豆或土豆泥；烤、铁扒类菜肴多配炸土豆条、烤土豆等；煎、炸类菜肴多配应时蔬菜；汤汁较多的菜肴多配米饭；意式菜多配面食；德式菜则多配酸菜等。这样使菜既能在风格上统一，又富有风味特点。

（2）配菜的分类（见表2-2-28）

表2-2-28 配菜的分类

种类	简介
土豆类	以土豆为原料的土豆制品
谷物类	主要有各种米饭、玉米、通心粉、实心粉、蛋黄面、其他面食制品等
蔬菜类	主要有胡萝卜、菜花、西兰花、芦笋、菠菜、番茄、青椒、茄子、蘑菇、黄瓜、节瓜、生菜、紫菜头、洋百合等

思考题

1. 切有哪些方法？分别适用于哪些原料？
2. 蔬菜丝如何成形？
3. 冷水加工与热水加工有什么不同？
4. 什么是基础汤？基础汤有什么作用？
5. 牛分档可分为哪些部位？肉质分别有什么特点？
6. 羊分档可分为哪些部位？肉质分别有什么特点？
7. 鸡分档可分为哪些部位？肉质有什么特点？

模块三
西餐烹饪基本技法与实例

学习目标

1. 了解各类烹饪技法。
2. 掌握各类烹饪技法的操作要点。

一、煎（panfry）

煎时温度一般控制在 130 ~ 180℃，最高不应超过 200℃。一般薄的原料可以在煎盘内煎熟，厚的原料需要将两面用旺火煎上色后放入烤箱内烤熟，而留在煎盘内的原料调味浓缩后可以做菜的汁水（见图 2-3-1）。

提示：煎时不要让原料的表面破损，以免原料中水分流失。

图 2-3-1 煎

二、扒（grill）

扒时温度应控制在160～220℃。较薄的原料可以在扒炉上用高温一次扒到所需的成熟度，而较厚的原料可先用旺火上色，然后再用较低温度慢慢扒制成熟（见图2-3-2）。

提示：在扒制过程中，原料的两面需用高温上色，使得纹路清晰、美观。

图2-3-2　扒

三、烤（roast）

通常烤箱温度保持在 110 ~ 280℃。烤时常根据原料的大小、形状及外观要求，先将其上色，然后用锡纸封盖，再置入烤箱；或在原料上涂油后直接放入烤箱，将原料烤熟（见图2-3-3）。

提示：用肉针插入原料中心，如流出的是白色肉汁，说明原料已熟；如流出的是血水，说明原料未熟；如无汁水流出，则说明原料烤制已过头。

图2-3-3　烤

四、炒（saute）

炒时温度控制在 130 ~ 200℃，要求原料不宜太大，形状均匀，烹制速度要快。西餐中蔬菜、面、饭常用炒（见图 2-3-4）。

提示：原料炒时用力要轻，不宜多搅拌，以免破坏原料形状。

图 2-3-4　炒

五、焗（bake）

焗时炉温应控制在 200 ～ 300℃。一般在焗制前将原料置于焗盅内，放入适量汁水，盖上盖子后放入焗炉；或将焗盅放在盛入清水的烤盘内，然后焗制。如用明火焗，原料上汁水不宜太厚（见图 2-3-5）。

提示：在焗制时，要根据原料的大小而考虑采用不同的焗制方法。

图 2-3-5　焗

六、炸（deep fry）

　　炸时油温一般控制在 150 ~ 180℃。在炸制已成熟的原料时，油温可以高一些。原料较大的，需要用较低温慢慢炸熟。原料外面拍面包粉或挂糊时，需用低温炸制，以免上色太深，影响菜肴外观（见图 2-3-6）。

　　提示：炸制食品时不宜用燃点较低的黄油和菜油。

图 2-3-6　炸

七、煮（boil）

　　煮时水温一般控制在 70 ~ 100℃。常先将水烧至沸滚，投入原料后根据要求将水温控制在所需的温度。在原料出锅前，再将温度加热到 100℃，然后即可出锅，以保证原料的新鲜、卫生（见图 2-3-7）。

　　提示：煮一般分为温煮和沸煮，但都需将原料全部浸没在水中。

图 2-3-7　煮

八、蒸（steam）

蒸时蒸汽温度在 100℃以上。蒸制过程中，应保持锅盖紧闭，避免跑气，以最大程度地保证原料的原汁原味（见图 2-3-8）。

提示：蒸一般以菜肴刚好成熟为宜，不要过头。

图 2-3-8　蒸

九、串烧（skewer）

串烧的一般温度控制在 180 ~ 300℃之间。串烧就是肉料切片腌制好后，用竹签或铁钎串起，放在炭火上烧熟，再撒上孜然等调味料的烹调方法（见图 2-3-9）。

提示：在串烧之前，一定要将原料腌制入味。如果是大块原料，需要低温烤，如果是小块原料，则可以高温烤。

图 2-3-9　串烧

十、焖（braise）

焖的温度一般控制在 100℃左右。焖是把加工好的原料经过初步热加工，再放入水或基础汤中，使之成熟的烹调方法。焖以水为传热介质，传热方法主要为对流和传导。焖的具体操作方法是：将原料冲洗干净，切成小块，热锅中倒入油烧至油温适度，将原料放入食物油炝后，再加入调料、汤汁，盖紧锅盖，用文火焖熟。其法所制食品的特点是酥烂、汁浓、味厚（见图 2-3-10）。

提示：焖之前，一定要用食物油将食物炝香，然后再倒入汤汁焖制，这样可以使食物入味。

图 2-3-10 焖

十一、烩（stew）

　　烩时温度一般控制在95℃，常将汁水保持在微滚状态，并根据原料的特性决定加热时间的长短。一般在烩制过程中，汁水应保持在正好将原料盖没的程度（见图2-3-11）。

　　提示：烩制过程中，需经常轻搅原料，使之受热均匀、不粘底且口味一致。

图2-3-11　烩

思考题

1. 煎的适宜温度是多少？如果煎较厚的原料应注意什么？
2. 扒的适宜温度是多少？请列举扒制的菜肴。
3. 烤和焗有什么区别？
4. 烩和焖有什么区别？
5. 串烧的适宜温度是多少？

综合篇
CHAPTER 3

模块一

原料加工

技能要求

1. 能够正确使用各种刀法。
2. 掌握原料加工的操作要求。

原料加工是菜肴制作中最基本的工序，其质量高低直接关系到成品菜肴的质量。掌握原料加工技能是西式烹调师拥有专业技能的第一步。

实例 01 土豆丝

操作方法：
　　a. 土豆去皮洗净：将土豆外皮洗净，用水果刀以削旋的方法去皮。
　　b. 将土豆切成厚约 2 ~ 2.5mm 的片。
　　c. 将土豆片再切成长约 6 ~ 7cm，粗约 2 ~ 2.5mm 的丝。
　　d. 将土豆丝用水冲洗干净，码放在盆内。
　　e. 成品展示：土豆丝摆放整齐。

主料：
　　土豆 1 个（200g）。
使用工具：
　　菜板、西餐刀、水果刀。
器皿：
　　8 英寸圆盘。

操作要点：
　　a. 土豆切片时厚薄均匀。
　　b. 土豆片摆放整齐以后切丝，以便保持粗细均匀。

问题思考：
　　土豆丝一般用于什么菜肴？

序号	评价要素
1	粗细均匀，整齐划一，不连刀
2	成品 100g 以上，出成率 80% 以上，成品干净卫生

问：如何才能取得高分？
答：土豆丝粗细、长短均匀，摆放整齐。

实例 02 红菜头丝

操作方法：
    a. 红菜头去皮洗净：将红菜头外皮洗净，用水果刀以削旋的方法去皮。
    b. 切丝：将去皮的红菜头切成长 6 ~ 7cm，宽 2 ~ 2.5mm 的丝。
    c. 将红菜头丝用水冲洗干净，码放在盆内。
    d. 成品展示：红菜头丝摆放整齐。

主料：
    红菜头 1 个（250g）。
使用工具：
    菜板、西餐刀、水果刀。
器皿：
    8 英寸圆盘。

操作要点：
    a. 红菜头丝切得厚薄均匀。
    b. 红菜头摆放整齐以后切丝，以便保持粗细均匀。

问题思考：
红菜头丝一般用于什么菜肴？

序号	评价要素
1	红菜头丝粗细均匀，整齐划一，不连刀
2	成品 100g 以上，成品干净卫生
3	出成率在 80% 以上

问：如何才能取得高分？
答：红菜头丝粗细、长短均匀，摆放整齐。

实例 03 胡萝卜修整成橄榄形

操作时间: 10min。

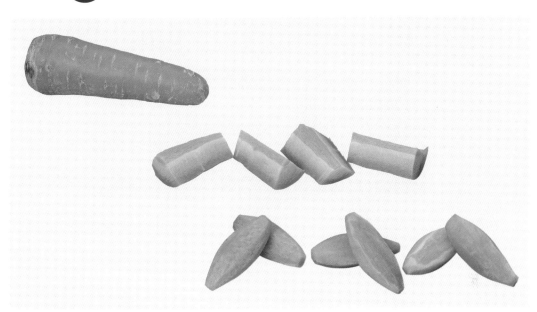

操作方法:
a. 把胡萝卜洗净。
b. 把胡萝卜切成长约 5 ~ 6cm 的段。
c. 将胡萝卜段四等分。
d. 将每份胡萝卜用水果刀修成橄榄形。
e. 成品展示: 大小匀称,整齐光滑。

主料:
胡萝卜 1 根(100g)。
使用工具:
菜板、西餐刀、水果刀。
器皿:
10 英寸圆平盘。

操作要点:
a. 拿刀时力度控制得当。
b. 在切橄榄形时需要一刀划到底,尽量不要碎刀。

问题思考:
西餐中适合修整成橄榄形的原料还有哪些?

序号	评价要素
1	长 5~6cm,粗 2 ~2.5cm 的六角形橄榄形
2	大小匀称,整齐光滑
3	成品干净卫生

问: 如何才能取得高分?
答: 成品光滑,没有凹凸感。

实例 04 整鸡取胸成形

🕐 操作时间：10min。

📋 **操作方法：**
　　a. 光鸡洗净，去鸡爪。
　　b. 将鸡翅根与身体分离，将鸡腹切开，将鸡翅连鸡胸肉撕离鸡身。
　　c. 去掉翅中及翅尖，留翅根与鸡胸相连。
　　d. 将翅根上的皮、肉去净。
　　e. 鸡排边缘整形。
　　f. 成品展示：鸡里脊肉两块、鸡胸肉两块（带皮、带翅根）。

主料：
　　光鸡 1 只。
使用工具：
　　菜板、西餐刀、水果刀。
器皿：
　　10 英寸圆平盘。

🍳 **操作要点：**
　　a. 把鸡肉从鸡壳上撕下时，力度要拿捏得当，不可用力过大以至撕破鸡肉和鸡皮。
　　b. 取翅根骨时需要在关节处划上一刀，以便割断筋膜取翅根骨。

❓ **问题思考：**
　　a. 鸡胸肉一般用于制作什么西餐菜肴？
　　b. 鸡肉里最嫩的肉是哪块？

问：如何才能取得高分？
答：1. 做到鸡皮完整、无破损。
　　2. 成品摆放整齐、干净。

序号	评价要素
1	鸡胸成品 2 片，形态完整、光滑、无碎末
2	表皮完整无破损、肉不带皮
3	刀面厚薄均匀、翅骨不带肉

实例 05 鱼丝

操作方法：
a. 将鱼肉片成长约 6 ~ 7cm，厚约 0.2 ~ 0.25cm 的片。
b. 将鱼片切成 0.2 ~ 0.25cm 宽的丝，在盆内码放整齐。
c. 成品展示：鱼丝摆放整齐。

主料：
鲈鱼 1 条（500g 左右）。
使用工具：
菜板、西餐刀、水果刀。
器皿：
8 英寸圆盘。

操作要点：
a. 切鱼片时注意厚薄均匀。
b. 鱼片摆放整齐以后切丝，以便保持粗细均匀。

问题思考：
鱼丝在西餐中一般用于什么样的菜肴？

序号	评价要素
1	选料新鲜
2	丝长 6cm，0.2cm 见方，粗细均匀，整齐划一，不连刀
3	成品为 120g 以上，出成率 80% 及以上

问：如何才能取得高分？
答：鱼丝粗细、长短均匀，摆放整齐。

实例 06 牛肉丝

操作方法：
a. 将牛肉逆纤维方向切成长约 8cm，厚约 0.2cm 的片。
b. 将牛肉片切成丝，在盆内码放整齐。
c. 成品展示：牛肉丝摆放整齐。

主料：
牛肉 150g。
使用工具：
菜板、西餐刀。
器皿：
原料盘。

操作要点：
a. 牛肉片要切得厚薄均匀。
b. 牛肉片摆放整齐以后切丝，以便保持粗细均匀。

问题思考：
牛肉丝在西餐中一般用于什么样的菜肴？

序号	评价要素
1	选料新鲜
2	丝长 8cm, 0.2cm 见方, 粗细均匀, 整齐划一, 不连刀
3	成品为 90g 以上，出成率 80% 及以上

问：如何才能取得高分？
答：牛肉丝粗细、长短均匀，摆放整齐。

模块二

冷菜制作

技能要求

1. 掌握冷菜的特点和分类。
2. 掌握冷菜的制作方法和要点。

冷菜是西餐的重要组成部分，主要以沙拉和冷开胃菜为主。在西餐中，冷菜是第一道菜，起着先入为主的作用。有些冷菜甚至可以作为一道主菜。西餐中的冷餐酒会、鸡尾酒会多以冷菜为主。可以说，冷菜在西餐中具有举足轻重的地位。

一、西餐冷菜的特点

西餐冷菜尤其是冷开胃菜，大都具备以下特点。

外观 —— 色调清新、和谐，造型美观，令人赏心悦目，诱人食欲。

口味 —— 以酸、甜、辛辣为主，能开胃爽口，增加食欲。

形状 —— 块小，易食。

便捷 —— 可提前制作，供应迅速。

二、西餐冷菜制作的基本要求

1. 冷菜是直接入口的菜肴，从制作到拼摆装盘的每一个环节都要求注意卫生，严防有害物质污染。

2. 选料讲究，各种蔬菜、海鲜、禽肉等都要求质地新鲜、外形完好。对于生食的原料还要进行消毒处理。

3. 冷菜要用熔点低的植物油制作，不要过多使用动物性油脂，以免油脂凝结影响菜肴的质量。

4. 制作好的冷菜应晾至 5 ~ 8℃后，再冷藏保存。冷菜在切配后应尽快食用，食用时的温度以 10 ~ 12℃为宜。

三、冷菜的分类

西餐中冷菜的品种很多，大体上可以分为沙拉和冷开胃菜两大类。

1. 西餐沙拉可细分为开胃沙拉（餐前吃的小份沙拉）、配菜沙拉（主菜附带的沙拉，也称为盘头）、主菜沙拉、餐后沙拉。欧美国家的沙拉酱汁有好几百种之多，如油醋汁、意大利红酒醋汁、千岛酱、蛋黄酱、恺撒酱、蜂蜜芥末酱等。根据酱汁的不同，西餐沙拉又有着许许多多不同的做法。

2. 冷开胃菜包括胶冻类、派类、冷肉类、其他开胃小吃等品种。

实例 07 蛋黄酱制作

🕐 操作时间：15min。

—— 加过白醋的蛋黄酱

—— 没有加过白醋的蛋黄酱

操作方法：
a. 碗内放入黄芥末搅拌均匀。
b. 加入蛋黄搅拌至蛋黄乳化。
c. 慢慢加入油，边加边搅拌，若太厚可用纯净水调节，最后加入 7g 白醋、盐、胡椒粉、糖调味，搅匀即可。

操作要点：
开始打蛋黄酱时需要加少量油搅拌，等到蛋黄和油乳化了，再加入大量油脂进行搅拌。

问题思考：
a. 蛋黄酱加入白醋以后，为什么颜色会变成白色？
b. 蛋黄酱适合制作什么菜肴？

主料：
鸡蛋黄 18g、色拉油 200g。
调料：
白醋 7g、盐 1g、白胡椒粉 0.5g、黄芥末 8g、糖 1g。
工具：
碗、蛋抽。
器皿：
沙司盅。

序号	评价要素
1	蛋黄酱成品 70g 左右，沙司呈淡黄色
2	富有蛋黄味，口味微酸、咸味适口、色泽光亮
3	沙司浓稠均匀不渗油，成品安全卫生

问：如何才能取得高分？
答：1. 蛋黄酱表面光洁，没有油水分离的迹象。
2. 蛋黄酱口味适口，没有油腻的感觉。

实例 08 油醋汁制作

🔧 **操作方法：**
　a. 黄芥末、洋葱末、蒜泥加入碗内，边搅拌边加入橄榄油。
　b. 搅拌均匀后加入黑醋，打至一定稠度。
　c. 最后加入盐、白胡椒粉、荷兰芹末。

🍳 **操作要点：**
　a. 主料、辅料和调料搅拌均匀。
　b. 辅料在刀工处理中需要切细。

🔨 **问题思考：**
　油醋汁适合制作什么菜肴？

主料：
　橄榄油 60g。
辅料：
　黑醋 30g、蒜泥 3g、洋葱末 2g。
调料：
　盐 0.5g、白胡椒粉 0.2g、黄芥末 15g、荷兰芹末 1g。
工具：
　菜板、西餐刀、碗、原料盘、蛋抽。
器皿：
　沙司盅。

序号	评价要素
1	油醋汁成品 70g 左右，油醋比例为 2:1
2	呈流体状、半透明，可见混合香料
3	口味微酸、咸味适口、带油亮色、爽口
4	成品安全卫生

问：如何才能取得高分？
答：油醋均匀，比例合适。

实例 09 芦笋鸡蛋沙拉

 操作时间：20min。

芦笋
烤核桃仁
杏仁片
熟鸡蛋

操作方法：

a. 芦笋焯水，冰水冷却，切段。

b. 鸡蛋用夹蛋器夹成蛋角。

c. 烤核桃仁切碎。

d. 鸡蛋片放在盘中，然后将芦笋叠放在鸡蛋上，淋上蛋黄酱，撒上核桃仁及杏仁片。

主料：

熟鸡蛋（54g/个）2个、芦笋 50g。

辅料：

烤核桃仁 3g、杏仁片 2g。

调料：

蛋黄酱 20g。

工具：

菜板、西餐刀、原料盘。

器皿：

10 英寸平盘。

操作要点：

a. 芦笋在沸水中不需要煮太熟，断生即可。

b. 鸡蛋大气孔处用针戳一个洞，然后放入沸水中煮 10 min 为佳。

问题思考：

芦笋鸡蛋沙拉食用时最好搭配什么？

问：如何才能取得高分？
答：芦笋鸡蛋沙拉摆盘精致、口味饱满。

序号	评价要素
1	每份出品 80 ~ 100g
2	色泽：原料与沙司自然本色 香气：沙司香、蔬菜清香、鸡蛋香、坚果香 口味：咸味适口、微酸、清淡 形态：装盘美观、原料整齐、堆放饱满 质感：蔬菜脆爽、鸡蛋嫩滑、口感爽口
3	成品安全卫生

实例 ⑩ 金枪鱼时蔬沙拉

🕐 操作时间: 20min。

土豆
洋葱
黑橄榄
金枪鱼
黄瓜

操作方法:
　　a. 黄瓜去皮去瓤切丁、土豆煮熟切丁、洋葱切末。
　　b. 金枪鱼撕碎。
　　c. 将黄瓜丁、土豆丁、洋葱末、金枪鱼加蛋黄酱搅拌均匀，装盘。
　　d. 上面撒荷兰芹末，浇上橄榄油即可。

操作要点:
　　丁的大小一致，金枪鱼尽量撕碎。

问题思考:
　　金枪鱼食用时最好搭配什么?

主料:
　　油浸金枪鱼 40g。
辅料:
　　土豆 15g、黄瓜 35g、洋葱 5g。
调料:
　　蛋黄酱 25g、橄榄油 5g。
配菜:
　　花式生菜。
工具:
　　菜板、西餐刀、原料盘。
器皿:
　　10 英寸平盘。
建议使用盘式原料:
　　花式生菜、荷兰芹末、黑橄榄。

问: 如何才能取得高分?
答: 金枪鱼时蔬沙拉摆盘精致、口味饱满。

序号	评价要素
1	每份出品 80 ~ 100g
2	色泽: 原料与沙司混合本色 香气: 鱼香、蔬菜香、沙司香 口味: 咸味适口、微酸、自然混合鲜 形态: 装盘美观、原料整齐、堆放饱满 质感: 蔬菜脆爽、金枪鱼爽滑、口感爽口
3	成品安全卫生

实例 11 德国土豆沙拉

土豆
培根
洋葱
樱桃番茄
花式生菜

操作方法：

a. 土豆放入水中煮至七八成熟，切片备用。

b. 将培根切小片、洋葱切粒，将洋葱粒、培根炒香后加入土豆片，然后倒入鸡基础汤煮至土豆熟。

c. 加入盐、胡椒粉调味，起锅时加入黄芥末、黑醋。

d. 土豆装于盘中间，边上装饰花式生菜(油醋汁)、樱桃番茄。

操作要点：

a. 土豆要求酥而不烂，煮土豆的时候在锅中稍放些盐。

b. 沙拉中放入黑醋，要求酸味适中、可口。

问题思考：

德国土豆沙拉一般适合冷食还是热食？

主料：

土豆 80g。

辅料：

培根（27g/ 片）1 片、洋葱 10g。

调料：

鸡基础汤 100mL、黄芥末 20g、盐 1g、白胡椒粉 0.5g、橄榄油 20mL、黑醋 6g、油醋汁 15g。

配菜：

花式生菜 3g、樱桃番茄 10g。

工具：

菜板、西餐刀、原料盘。

器皿：

10 英寸平盘。

建议使用盘式原料：

樱桃番茄、花式生菜、培根片。

序号	评价要素
1	每份出品 80 ~ 100g
2	色泽：原料与沙司自然混合色 香气：芥末香、醋香、土豆与腌肉混合香 口味：咸、鲜适口、微酸 形态：装盘美观、原料整齐、堆放饱满 质感：整体稀稠适中、土豆松软、口感浓郁
3	成品安全卫生

问：如何才能取得高分？

答：德国土豆沙拉摆盘精致、口味饱满。

实例 ⑫ 菠萝鸡肉沙拉

—— 烤杏仁片
—— 熟鸡胸肉
—— 荷兰芹
—— 菠萝

操作方法：

a. 鸡胸加混合香料、白葡萄酒煮熟切丁，用蛋黄酱、盐、白胡椒粉、白葡萄酒搅拌均匀备用。

b. 菠萝切片，中间掏空，装入盘中，然后将上一步拌好的沙拉放入中间，以烤杏仁片点缀。

c. 最后边上放上红椒丝、樱桃番茄和荷兰芹末装饰。

操作要点：

鸡丁需要煮熟以后切成形，这样可以保持外形完整。

问题思考：

菠萝中间掏空，中间空洞以多大为宜？

主料：
鸡胸肉50g、菠萝35g。

辅料：
混合香料1g。

调料：
蛋黄酱30g、盐0.5g、白胡椒粉0.5g、白葡萄酒10mL。

配菜
荷兰芹末1g、樱桃番茄5g。

工具：
菜板、西餐刀、原料盘。

器皿：
10英寸平盘。

建议使用盘式原料：
烤杏仁片、黑橄榄、荷兰芹末、番茄、红椒丝。

问：如何才能取得高分？
答：菠萝鸡肉沙拉摆盘精致、口味饱满。

序号	评价要素
1	每份出品 80～100g
2	色泽：原料与沙司混合本色 香气：菠萝香、鸡肉香、沙司香 口味：咸味适口、香甜、微酸 形态：装盘美观、原料整齐、堆放饱满 质感：菠萝爽口、鸡肉有弹性、滑爽可口
3	成品安全卫生

实例 ⑬ 西芹苹果沙拉

西芹

罗马生菜
烤核桃
苹果
番茄

操作方法：

a. 西芹洗净，焯水后用冰水冷却。
b. 焯水冷却后的西芹切成斜片，苹果去皮切丁。
c. 西芹片与苹果丁拌入蛋黄酱，搅拌均匀。
d. 番茄切丁、核桃切碎备用。
e. 沙拉装于盘中间，上面撒核桃碎，并以罗马生菜点缀。
f. 边上撒番茄丁。

操作要点：

a. 西芹切斜刀片，尽量大而长。
b. 在烫芹菜的时候，只需稍烫，断生即可。

问题思考：

为什么苹果切成丁以后马上要用蛋黄酱拌匀？

主料：
苹果 60g、西芹 40g。
辅料：
番茄 20g、烤核桃 5g。
调料：
蛋黄酱 50g、盐、白胡椒粉适量。
工具：
菜板、西餐刀、原料盘。
器皿：
8 英寸平盘、汤碗。
建议使用盘式原料：
番茄丁、罗马生菜、黄瓜丁、黑橄榄。

序号	评价要素
1	每份出品 80 ~ 100g
2	色泽：原料与沙司自然混合色 香气：苹果香、蔬菜香、沙司香、坚果香 口味：咸味适中、微甜、微酸 形态：装盘美观、原料整齐不碎、堆放饱满 质感：苹果爽脆、西芹清脆、坚果香脆
3	成品安全卫生

问：如何才能取得高分？
答：西芹苹果沙拉摆盘精致、口味饱满。

模块三

三明治制作

技能要求

1. 掌握西式早餐的特点和分类。
2. 掌握三明治的制作方法和要点。

一、西式早餐的特点与分类

西式早餐比较科学，在品种和内容上注重营养搭配，科学性强。西式早餐多选择精细、粗纤维少、营养丰富的食品，如各种蛋类制品、面包、饮料等。这些食品从合理膳食的角度来讲是非常适合作为早餐食品的，以致大多数西方人到中国后仍习惯吃西式早餐，而且越来越多的东方人也逐渐喜欢食用西式早餐。

西式早餐因供应的食品和服务形式的不同，又分为英美式早餐和欧洲大陆式早餐两种。

1. 英美式早餐

英美式早餐品种丰富。这种早餐一般供应相当多的蛋类制品，有煎蛋、煮蛋、杏仁蛋、熘糊蛋、炒蛋、水波蛋等。谷物类制品有玉米粥、麦片粥、燕麦粥、面包等。肉类制品有香肠、火腿、咸肉等。另外，还有黄油、果酱、水果、果汁、咖啡、牛奶、红茶等。

2. 欧洲大陆式早餐

欧洲大陆式早餐相对简单，内容品种较少，一般供应的主要有各种甜、咸面包、羊角包、面包卷，以及黄油、果酱、牛奶、咖啡等。

二、快餐的一般知识

1. 快餐的概念

快餐是指能在短时间内提供给食客的各种方便菜点。高档西餐厅中一般很少有快餐厅。各种快餐食品大都在咖啡厅内供应。

2. 快餐的特点

快餐首要的特点是制作快捷，出菜快。美国麦当劳公司在公司制度中就有一条规定，即60秒上菜。这充分体现了快餐制作快捷的特点。其次，快餐食用方便。快餐既可以在餐厅内食用，也可以携带出店外用手拿着食用，为现代人的快节奏生活提供了方便。

3. 常见的快餐品种

适宜作为快餐食品的菜点品种很多，只要制作简便或可以提前预制好的菜点都可以作为快餐食品。常见的快餐品种主要有三明治、汉堡包、热狗、意大利面条、比萨饼等。

实例 14 火腿芝士三明治

— 生菜
— 薯条
— 火腿
— 芝士
— 三明治面包

操作方法：
　a. 在专用三明治炉内抹上黄油。
　b. 取两片三明治面包，去皮修整。
　c. 在其中一片三明治面包上放上火腿、芝士，将另一片面包盖上，放入三明治炉中加热至芝士化开，外表呈金黄色。
　d. 将做好的三明治取出，沿对角线一切为二，叠放装盘即可。

操作要点：
　a. 薯条需要进行复炸。
　b. 制作三明治的时候，需要将原料摆放均匀。

问题思考：
　如何将三明治做得饱满和均匀？

序号	评价要素
1	标准分量
2	色泽：面包金黄色，原料新鲜自然色 香气：面包香、火腿香、黄油香、芝士香 口味：微咸、火腿自然鲜 形态：装盘美观、形态饱满、边缘不破 质感：脆、软、滑爽
3	成品安全卫生

主料：
　三明治面包（方包）2片。
辅料：
　火腿（25g/片）1片、芝士（20g/片）1片、黄油5g。
配菜：
　薯条20g、生蔬菜8g、番茄沙司15g。
工具：
　菜板、西餐刀、原料盘。
器皿：
　12英寸平盘、小碟各1个。
建议使用盘式原料：
　荷兰芹末、黑胡椒碎。

问：如何才能取得高分？
答：1. 面包松软，表面焦黄。
　　2. 三明治馅料可口，荤素搭配合理。

实例 15 公司三明治

操作时间：10min。

- 罗马生菜
- 火腿
- 鸡蛋
- 酸黄瓜
- 培根
- 番茄

操作方法：

a. 将三明治面包放入烤箱烤至表面稍硬。

b. 锅烧热，然后放入培根煎熟。鸡蛋打均匀后煎成蛋皮。

c. 在三明治面包的一面涂上蛋黄酱。

d. 取一片涂有蛋黄酱的三明治面包，依次放上生菜、火腿、番茄片，盖上另一片面包，再放上生菜、蛋皮、煎培根、酸黄瓜片，最后盖上第三片面包。

e. 将做好的三明治切去边皮，并沿对角线一切为四，插上牙签，竖放装盘即可。

操作要点：

a. 薯条需要进行复炸。

b. 制作三明治的时候，需要将原料摆放均匀。

问题思考：

如何将三明治做得饱满和均匀？

主料：

三明治面包（方包）3片。

辅料：

罗马生菜（1g/片）1片、酸黄瓜 30g、番茄 50g、培根 1片（27g/片）1片、火腿（25g/片）1片、鸡蛋（54g/个）1个。

调料：

蛋黄酱 50g。

配菜：

薯条 20g、混合蔬菜 8g、番茄沙司 15g。

工具：

菜板、西餐刀、原料盘。

器皿：

12英寸平盘、小碟各1个。

问：如何才能取得高分？

答：1. 面包松软，表面焦黄。

2. 三明治馅料可口，荤素搭配合理。

序号	评价要素
1	标准分量
2	色泽：面包金黄色，原料新鲜自然色 香气：面包香、火腿香、蔬菜清香、培根香 口味：咸味适口、口味层次丰富 形态：装盘美观、形态饱满、边缘整洁 质感：脆、清爽、多汁
3	成品安全卫生

实例 ⑯ 金枪鱼三明治

🕐 操作时间：10min。

—— 三明治面包

—— 罗马生菜
—— 洋葱
—— 油浸金枪鱼

操作方法：
　　a. 将三明治面包放入烤箱烤至表面稍硬。
　　b. 在一片三明治面包的一面涂上蛋黄酱，另一片涂黄油。
　　c. 涂有黄油的三明治面包上放生菜、金枪鱼、洋葱丝(少量)，撒上黑胡椒碎，盖上另一片涂有蛋黄酱的面包。以同样的方法再做一层。
　　d. 将做好的三明治切去边皮，并沿对角线一切为二，两块叠放装盘即可。

操作要点：
　　a. 薯条需要进行复炸。
　　b. 制作三明治的时候，需要将原料摆放均匀。

问题思考：
　　如何将三明治做得饱满和均匀？

序号	评价要素
1	标准分量
2	色泽：面包金黄色，原料新鲜自然色 香气：面包香、蔬菜清香、金枪鱼香 口味：咸味适口、微酸、自然混合鲜 形态：装盘美观、形态饱满、边缘整洁 质感：脆、清爽、软滑
3	成品安全卫生

主料：
　　三明治面包（黑麦方包）3 片。
辅料：
　　罗马生菜（1g/片）1片、洋葱 6g、油浸金枪鱼 60g。
调料：
　　蛋黄酱 40g、黄油 10g、黑胡椒碎少许 。
配菜：
　　薯条 20g、混合蔬菜 8g、番茄沙司 15g。
工具：
　　菜板、西餐刀、原料盘。
器皿：
　　12 英寸平盘、小碟各 1个。
建议使用盘式原料：
　　荷兰芹末、黑胡椒碎。

问：如何才能取得高分？
答：1. 面包表面焦黄，并松软。
　　2. 三明治馅料可口，荤素搭配合理。

实例 ⑰ 鸡蛋蔬菜三明治

 操作时间：10min。

- 三明治面包
- 酸黄瓜
- 番茄
- 生菜
- 鸡蛋

操作方法：
　　a. 将三明治面包放入烤箱烤至表面稍硬，鸡蛋打均匀后煎成蛋皮。
　　b. 在一片三明治面包的一面涂上蛋黄酱，另一片涂黄油。
　　c. 涂有蛋黄酱的三明治面包上放蛋皮、生菜、酸黄瓜、番茄片，盖上另一片面包。以同样的方法再做一层。
　　d. 将做好的三明治切去边皮，并沿对角线一切为二，两块叠放装盘即可。

操作要点：
　　a. 薯条需要进行复炸。
　　b. 制作三明治的时候，需要将原料摆放均匀。

问题思考：
　　如何将三明治做得饱满和均匀？

序号	评价要素
1	标准分量
2	色泽：面包金黄色，原料新鲜自然色 香气：面包香、蔬菜清香、鸡蛋香 口味：咸味适口、香、鲜 形态：装盘美观、形态饱满、边缘整洁 质感：脆、软滑、多汁
3	成品安全卫生

主料：
　　三明治面包（方包）3片、鸡蛋（54g/个）1个。
辅料：
　　生菜（0.5g/片）2片、酸黄瓜30g、番茄50g。
调料：
　　蛋黄酱30g、黄油10g。
配菜：
　　薯条20g、混合蔬菜8g、番茄沙司15g。
工具：
　　菜板、西餐刀、原料盘。
器皿：
　　12英寸平盘、小碟各1个。
建议使用盘式原料：
　　荷兰芹末、黑胡椒碎。

问：如何才能取得高分？
答：1. 面包松软，表面焦黄。
　　2. 三明治馅料可口，荤素搭配合理。

实例 ⑱ 全蔬三明治

⏱ 操作时间：10min。

酸黄瓜
芝麻菜
洋葱丝
番茄
黄瓜
生菜

🔲 **操作方法：**

　　a. 将三明治面包放入烤箱烤至表面稍硬。

　　b. 一片三明治面包的一面涂上蛋黄酱，另一片的一面涂黄芥末酱。

　　c. 涂有黄芥末酱的三明治面包上依次放生菜、番茄片、黄瓜片、酸黄瓜片、芝麻菜、洋葱丝，淋橄榄油，撒盐、黑胡椒碎，再盖上另一片面包。以同样的方法再做一层。

　　d. 将做好的三明治切去边皮，并沿对角线一切为二，两块叠放装盘即可。

🍳 **操作要点：**

　　a. 薯条需要进行复炸。

　　b. 制作三明治的时候，需要将原料摆放均匀。

🍴 **问题思考：**

　　如何将三明治做得饱满和均匀？

主料：

　　三明治面包（方包）3 片。

辅料：

　　芝麻菜 1g、酸黄瓜 30g、洋葱丝 5g、黄瓜 30g、番茄 50g、生菜（0.5g/ 片）2 片。

调料：

　　蛋黄酱 40g、黄芥末酱 10g、橄榄油、盐、黑胡椒碎。

配菜：

　　薯条 20g、混合蔬菜 8g、番茄沙司 15g。

工具：

　　菜板、西餐刀、原料盘。

器皿：

　　12 英寸平盘、小碟各 1 个。

建议使用盘式原料：

　　荷兰芹末、黑胡椒碎。

问：如何才能取得高分？
答：1. 面包松软，表面焦黄。
　　2. 三明治馅料可口，荤素搭配合理。

序号	评价要素
1	标准分量
2	色泽：面包金黄色，原料新鲜自然色 香气：面包香、蔬菜清香、沙司香 口味：咸味适口、蔬菜自然鲜香、微酸 形态：装盘美观、形态饱满、边缘整洁 质感：脆、滑爽、多汁
3	成品安全卫生

模块四

汤菜制作

技能要求

1. 掌握西餐汤菜的分类。
2. 掌握汤菜的制作方法及要点。

一、奶油汤

1. 奶油汤的概念

奶油汤起源于法国。它是用油炒面粉，加牛奶、鲜奶油、清汤及一些调味品调制而成的汤类，广州、香港一带人们称之为"忌廉汤"。奶油汤是基础汤，在此基础上加上各种不同汤料，就可制成各种风味的奶油汤。

2. 奶油汤制作方法

制作奶油汤可分为两个步骤，油炒面粉和调制奶油汤。

（1）油炒面粉（油面酱）

选料：精白面粉，过细筛去除杂物。油脂选用黄油。

用料：面粉与油脂的比例为 1:1，其中油脂最少可减至 0.7。

制作过程：选用厚底的沙司锅，放入油脂，加热至油完全溶化（50～60℃），倒入面粉搅拌均匀，在 120～130℃的炉面上慢慢炒制，并不停搅动，以免煳底。至面粉呈淡黄色，并能闻到炒面粉的香味即可。

制作中应注意以下两个问题：

1）炒面粉的温度不可过高，用微火把面粉炒干炒透。

2）炒制的过程以稍见黄色为宜。颜色过浅，香味不充分；颜色过深，虽可增加些香味，但会使制作的汤色发黑。

（2）调制奶油汤。调制奶油汤有两种方法：一种是热打法，另一种是温打法。

1）热打法。油炒面粉制完成后，趁热冲入部分滚热的牛奶，先慢慢搅打均匀，再用力搅打至牛奶与油炒面完全融为一体，表面洁白光亮。待手感有劲时，再逐渐加入其余的牛奶和清汤，并用力搅拌均匀，然后加入盐、胡椒粉、鲜奶油，煮沸即可。

用这种方法制作的奶油汤色白、光亮、有劲，不容易瀫，但搅打时比较费力。

制作时应注意以下三个问题：

①牛奶和油炒面粉都要保持高温，以使面粉充分糊化。

②搅打奶油汤时要快速、用力，使水和油充分分散，汤不易瀫，并有光泽。

③如汤中出现面粉颗粒或其他杂质，可用纱布或细筛过滤。

2）温打法。在油中放入切碎的胡萝卜、葱头、香叶、丁香和面粉一起炒香，然后逐渐加入 30 ~ 40℃的牛奶和清汤，用蛋抽搅打均匀，加热沸腾后用微火煮至汤液黏稠，然后用细筛过滤，过滤后再放入鲜奶油、盐、胡椒粉，煮沸即可。

制作中应注意以下两个问题：

①搅打时不必用力，只需搅打均匀即可。

②熬煮时要用微火，不要煳底，一般要煮 30min 以上。

3. 制作原理

制作奶油汤主要是利用脂肪的乳化与淀粉的糊化现象。本来，水与油是不相溶的，可奶油汤从外观上看，牛奶、清汤、油与面粉却完全融为一体，这是因为在制作奶油汤过程中，上述物质受到了机械力的搅拌，使水、面粉及油脂均匀地分开，形成了水包油的乳化状态。与此同时，面粉中的淀粉受热发生糊化，变成黏稠状态，从而使油和水均匀分散的现象稳定，形成较稳定的乳化状态。

二、菜蓉汤的概念

菜蓉汤大都是用各种蔬菜制的菜蓉，加上清汤或浓汤调制而成的，有的菜谱将其称为泥子汤或浆汤。菜蓉汤是传统汤类，西方各国都有，由于菜蓉汤有丰富的营养和良好的风味，所以广受人们喜爱。

实例 19 罗宋汤

 操作时间：30min。

操作方法：

a. 卷心菜、胡萝卜切成指甲大小的片，土豆、番茄切滚刀块，芹菜切段，洋葱切丝。

b. 锅烧热倒入橄榄油，然后放入洋葱和香叶一起炒香，再加入胡萝卜、卷心菜炒。

c. 锅中倒入橄榄油放入蒜蓉炒香以后，放入番茄酱煸炒上色，然后放入番茄一起炒至成熟。土豆煮熟备用。

d. 牛基础汤中加入油面酱制成半流体，加入炒过的蔬菜煮酥，加入盐、白胡椒粉、糖、辣酱油，最后加入土豆。

e. 装盘时牛肉片作汤辅，加入汤，撒上荷兰芹末即可。

操作要点：

a. 番茄酱以低油温进行炒制，炒香并炒上颜色。

b. 慢慢加入油面酱，调成理想的浓稠度。

问题思考：

罗宋汤是哪个国家的菜品？

序号	评价要素
1	标准分量
2	色泽：深红色 香气：牛肉香、蔬菜香、香料香 口味：咸味适口、微酸、牛肉鲜 形态：流体、装盘八分满、盘边整洁、食材均匀 质感：浓稠、牛肉酥、蔬菜柔软
3	成品安全卫生

主料：

熟牛肉片 50g（2 ~ 3 片）、卷心菜 20g、胡萝卜 20g、土豆 20g、芹菜 20g、洋葱 20g、蒜蓉 5g、番茄 50g。

辅料：

牛基础汤 300mL、油面酱 20g、香叶 2 片、荷兰芹末 0.5g。

调料：

辣酱油 0.5g、番茄酱 5g、盐 2g、白胡椒粉 0.5g、糖 0.5g、橄榄油 50mL。

工具：

菜板、西餐刀、原料盘。

器皿：

10 英寸汤盘。

问：如何才能取得高分？
答：汤汁颜色鲜艳、口感柔顺。

实例 20 鸡肉蔬菜汤

 操作时间：30min。

操作方法：

a. 卷心菜、胡萝卜、番茄、京葱、洋葱切粒，熟鸡肉切丁。

b. 土豆切粒煮熟备用。

c. 取锅倒入橄榄油烧热，然后放入洋葱、京葱炒香，加入胡萝卜、卷心菜、番茄丁、土豆粒炒，加入鸡基础汤、百里香炒熟至蔬菜酥而不烂后加入盐和胡椒调味。

d. 装盘时鸡肉丁作汤辅，加入蔬菜汤即可。

操作要点：

a. 番茄炒透炒烂，使其在烹制的过程中可以完全融入汤汁中。

b. 辅料和原料切丁大小一致。

问题思考：

菜品烹制过程中，原料应该煮至什么程度？

序号	评价要素
1	标准分量
2	色泽：浅黄色 香气：鸡肉香、蔬菜香、香料香 口味：咸味适口、清淡、鲜 形态：流体、装盘八分满、盘边整洁、食材均匀 质感：入口清爽、鸡肉酥软、蔬菜柔软
3	成品安全卫生

主料：

熟鸡肉 50g。

辅料：

鸡基础汤 300mL、卷心菜 15g、胡萝卜 15g、土豆 15g、洋葱 10g、番茄 25g、京葱 10g。

调料：

盐 1.5g、白胡椒粉 0.5g、百里香 0.5g、橄榄油 30mL。

工具：

菜板、西餐刀、原料盘。

器皿：

10 英寸汤盘。

问：如何才能取得高分？
答：汤汁颜色柔和、口感柔顺。

实例 21 奶油海鲜汤

 操作时间：30min。

———— 蛤蜊

操作方法：
a. 将鱼块与其他海鲜煮熟，取出。
b. 蛤蜊取肉，虾去头、壳，留尾巴。
c. 白葡萄酒熬成浓汁。
d. 将蒜泥炒香，加鱼基础汤、牛奶、奶油，再加入白葡萄酒浓汁，调味后加入油面酱增加汤的浓稠度。
e. 用海鲜为汤辅，放入打开的蛤蜊做装饰，加入奶油汤，最后放入莳萝即可。

操作要点：
蛤蜊在处理的时候去沙，以免影响口感。

问题思考：
奶油海鲜汤应该搭配什么食物一起食用？

序号	评价要素
1	标准分量
2	色泽：乳白色 香气：奶油香、香料香、酒香 口味：咸、鲜、浓郁 形态：流体、装盘八分满、盘边整洁、食材搭配均匀 质感：浓稠、清爽、海鲜不烂、成形
3	成品安全卫生

主料：
带壳蛤蜊（25g/个）2个、基围虾(25g/个)1个、鱼块20g、蒜蓉5g。

辅料：
鱼基础汤300mL、油面酱20g、香叶2片、莳萝0.5g。

调料：
牛奶100mL、奶油30mL、盐1.5g、白胡椒粉0.5g、白葡萄酒20mL。

工具：
菜板、西餐刀、原料盘。

器皿：
10英寸汤盘。

问：如何才能取得高分？
答：汤汁颜色柔和、口感柔顺。

实例 22 教皇牛清汤

操作方法：
　　a. 将牛肉末、鸡蛋清和西芹末、胡萝卜末以及洋葱末混合拌匀，放入冷却的牛肉汤中，开小火慢炖 2h，过滤后成清汤，倒入白兰地。
　　b. 在汤碗中倒入牛清汤，并放入黑菌片，在汤匙上配和牛刺身，按图示摆盘。

操作要点：
　　在制作牛清汤的过程中要注意烧开后即用文火慢煮，勿使其沸腾，以免汤色混浊。

问题思考：
　　牛肉清汤在烹制过程中煮开后为什么要开小火？

主料：
　　牛腿肉 300g。
辅料：
　　牛肉汤 1000mL、白兰地一汤勺、洋葱末 100g、西芹末 100g、上等和牛刺身 30g、鸡蛋清 100g、胡萝卜碎 100g、新鲜黑菌片 3 片。
调料：
　　盐 1.5g、白胡椒粉 0.5g。
工具：
　　菜板、西餐刀、原料盘。
器皿：
　　8 英寸汤盘。

问：如何才能取得高分？
答：汤汁颜色清澈、口感滑爽。

序号	评价要素
1	标准分量
2	色泽：浅棕色、清澈 香气：牛肉香、酒香 口味：咸味适口、清淡、鲜 形态：流体、装盘八分满、盘边整洁、食材均匀 质感：入口清爽、牛肉滑爽
3	成品安全卫生

实例 23 奶油鸡丝汤

 操作时间：30min。

操作方法：
a. 鸡胸肉入水煮熟，切成 0.25cm 粗、5cm 长的丝置于汤盘中。
b. 鸡基础汤稍加热，用油面酱调节浓稠度。
c. 加入奶油，白葡萄酒浓汁，用盐调味（若无基础汤，需加鸡精）。
d. 盛入汤盘即可。

操作要点：
a. 鸡胸肉煮至断生，保持鲜嫩程度。
b. 白葡萄酒在烹制的过程中应让其酒精蒸发。

问题思考：
奶油鸡丝汤在烹制的过程中，是否应该用鸡基础汤？

主料：
鸡胸肉半块 50g。
辅料：
鸡基础汤 250mL。
调料：
奶油 50mL、白葡萄酒 20mL、盐 1.5g、白胡椒 0.5g、油面酱 20g。
工具：
菜板、西餐刀、原料盘。
器皿：
8 英寸汤盘。

问：如何才能取得高分？
答：汤汁颜色柔和、口感柔顺。

序号	评价要素
1	标准分量
2	色泽：乳白色 香气：鸡肉汤香、奶油香、酒香 口味：咸、鲜、香浓 形态：流体状、菜汤搭配均匀、装盘八分满 质感：浓郁、滑、鸡丝软
3	成品安全卫生

实例 24 奶油南瓜甜橙汤

操作方法：
a. 橙子剥皮去筋，取其中三瓣橙肉和少量橙皮作装饰。
b. 南瓜切块，用油稍炒，加入鸡汤煮酥。
c. 煮好的汤稍冷却，与剩余的橙肉一起用粉碎机粉碎，过滤。
d. 重新入锅，煮沸后加入奶油并调浓稠度及口味，装盘，用橙肉、橙皮装饰即可。

操作要点：
a. 南瓜去皮和去籽务求彻底干净。
b. 取肉的甜橙需要饱满。

问题思考：
南瓜和甜橙的组合和普通的南瓜汤在口味和口感上有什么区别？

主料：
净南瓜 150g、甜橙 1 个。
辅料：
鸡汤 250mL。
调料：
奶油 5mL、盐 1g、白胡椒粉 0.5g。
工具：
菜板、西餐刀、原料盘。
器皿：
8 英寸汤盘。

问：如何才能取得高分？
答：汤汁颜色柔和、口感柔顺。

序号	评价要素
1	标准分量
2	色泽：奶黄色 香气：蔬菜清香、奶香、甜橙香 口味：咸、微甜、鲜 形态：流体、汤与食材搭配均匀、装盘八分满、盘边整洁 质感：滑爽、浓郁、细腻
3	成品安全卫生

模块五

热菜制作

技能要求

1. 掌握热沙司的制作方法及要点。
2. 掌握热菜的制作方法及要点。

　　沙司是英语 sauce 的译音，已为大家熟悉和常用，它是一种用动植物原料加调味品制成的流质或半流质酱汁 。沙司的种类和做法很多，有咸、酸、甜、辣等口味，主要分成冷沙司和热沙司两大类。西餐菜式的变化，很多是因为使用了不同的沙司。

　　热菜用的沙司即热沙司，又可分为浓、薄、稀、清四种。制作沙司以原汁牛肉清汤、鸡清汤、蔬菜汤、牛奶、酸牛奶、油脂和醋为原料。近年来人们对高脂肪与高蛋白质的食物食用量减少，出现了一些脂肪、蛋白质含量较低的素沙司，进一步丰富了沙司的种类。

　　沙司由各种可口芳香、颜色各异的原料制作而成，可以起到增强菜品滋味和色泽的作用，热沙司还可起到保温的作用。

实例 25 布朗沙司

操作方法：

a. 洋葱、胡萝卜切片，芹菜切段。

b. 取锅烧热，然后倒入红葡萄酒进行浓缩，备用。

c. 用黄油（10g）炒香蔬菜再加香叶、番茄酱炒至暗红色，加入红葡萄酒浓缩汁、牛基础汤，煮出蔬菜香味，然后过滤出来，备用。

d. 锅中放入黄油（20g），然后放入面粉炒油面，炒至成熟以后，倒入备用汤汁中继续加热并搅拌均匀，最后用盐、白胡椒粉调味即可。

操作要点：

a. 番茄酱需要炒透、炒香。

b. 红葡萄酒需要进行浓缩再烹调。

问题思考：

布朗沙司一般用于什么菜品的制作？

主料：

牛基础汤 200mL。

辅料：

洋葱 50g、胡萝卜 25g、番茄酱 15g、芹菜 25g。

调料：

盐 1g、白胡椒粉 0.5g、红葡萄酒 100mL、面粉 10g、香叶 2 片、黄油 30g。

工具：

菜板、西餐刀、原料盘。

器皿：

沙司盅。

问：如何才能取得高分？
答：1. 酱汁稀稠均匀。
　　2. 酱汁口味适中，色泽饱满。

序号	评价要素
1	每份出品 70g
2	色泽：棕色 香气：牛肉香、香料香、杂菜香 口味：鲜、微咸 形态：流体、有光泽 质感：浓郁、细腻
3	成品安全卫生

实例 26 基础奶油沙司

操作方法：

a. 取锅烧热，然后倒入白葡萄酒，熬煮成浓缩白葡萄酒，备用。

b. 锅中放入黄油，然后放入面粉，开小火炒至成熟制成油面酱，然后倒入白葡萄酒浓缩汁、牛奶及白色基础汤，并用力搅拌均匀。

c. 接着开小火煮 5min，并不断搅拌，以防煳底，然后加入调味料，最后倒入奶油即成。

操作要点：

牛奶倒入油面酱的时候需要充分搅拌至完全融合。

问题思考：

奶油基础沙司一般用于什么菜品的制作？

序号	评价要素
1	每份出品 70g
2	色泽：奶白色 香气：奶香、酒香、洋葱香 口味：微咸、鲜 形态：流体、有光泽 质感：滑爽、细腻
3	成品安全卫生

主料：

牛奶 100mL、奶油 50mL。

辅料：

白色基础汤 100mL。

调料：

盐 1g、白胡椒粉 0.5g、白葡萄酒 20mL、面粉 10g、黄油 20g。

工具：

菜板、西餐刀、原料盘、蛋抽。

器皿：

沙司盅。

问：如何才能取得高分？

答：1. 酱汁稀稠均匀。

2. 酱汁口味适中，色泽饱满。

实例 ㉗ 番茄沙司

操作方法：

a. 把番茄洗净，在沸水中过一下后去蒂去皮去籽，用机器粉碎。

b. 把葱头、大蒜切末，用植物油炒热，加入番茄膏炒出红油，放入面粉炒热后加入鲜番茄汁搅拌均匀，之后加入百里香、罗勒、香叶、糖、盐、胡椒在文火上煮约 30min 即可。

操作要点：

a. 番茄膏炒透、炒香。

b. 油面要炒到适合的浓稠度。

问题思考：

番茄沙司一般用于什么菜品的制作？

序号	评价要素
1	每份出品 70g
2	色泽：深红色 香气：番茄香、香料香、蒜香 口味：鲜、微酸 形态：流体、间有香料色 质感：浓郁
3	成品安全卫生

主料：

番茄膏 25g、鲜番茄 150g。

辅料：

洋葱 10g、大蒜 3g。

调料：

盐 1g、白胡椒粉 0.5g、糖 2g、百里香 0.5g、罗勒 0.5g、香叶 1 片、植物油 50mL、面粉 5g。

工具：

菜板、西餐刀、原料盘、蛋抽。

器皿：

沙司盅。

问：如何才能取得高分？

答：1. 酱汁稀稠均匀。

2. 酱汁口味适中，色泽饱满。

实例 28 基础鸡沙司

操作方法：

a. 取锅烧热，然后倒入白葡萄酒，熬煮成浓缩白葡萄酒，备用。

b. 锅中放入黄油，然后放入面粉，开小火炒至成熟制成油面酱，然后倒入白葡萄酒浓缩和浓鸡汁，并用力搅拌均匀。

c. 接着开小火煮5min，并不断搅拌，以防煳底，然后加入调味料即成。

操作要点：

a. 油面酱要炒到适合的浓稠度。

b. 白葡萄酒浓缩以后再烹制基础沙司。

问题思考：

基础鸡沙司一般用于什么菜品的制作？

主料：

浓鸡汁250mL。

调料：

盐1g、白胡椒粉0.5g、白葡萄酒200mL、面粉20g、黄油20g。

工具：

蛋抽、原料盘。

器皿：

沙司盅。

问：如何才能取得高分？

答：1. 酱汁稀稠均匀。

2. 酱汁口味适中，色泽饱满。

序号	评价要素
1	每份出品70g
2	色泽：乳白色 香气：鸡汤香、香料香、酒香 口味：鲜 形态：半流体、有光泽 质感：滑爽、浓郁
3	成品安全卫生

实例 ㉙ 基础鱼沙司

操作方法：

a. 取锅烧热，然后倒入白葡萄酒，熬煮成浓缩白葡萄酒，备用。

b. 锅中放入黄油，然后放入面粉，开小火炒熟制成油面酱，然后倒入白葡萄酒浓缩汁和浓鱼汁，并用力搅拌均匀。

c. 接着开小火煮 5min，并不断搅拌，以防煳底，然后加入调味料即成。

操作要点：

a. 油面酱要炒到恰当的浓稠度。

b. 白葡萄酒浓缩以后再烹制基础沙司。

问题思考：

基础鱼沙司一般用于什么菜品的制作？

主料：

浓鱼汁 250mL。

调料：

盐 1g、白胡椒粉 0.5g、白葡萄酒 200mL、面粉 20g、黄油 20g。

工具：

蛋抽、原料盘。

器皿：

沙司盅。

问：如何才能取得高分？

答：1. 酱汁稀稠均匀。

2. 酱汁口味适中，色泽饱满。

序号	评价要素
1	每份出品 70g
2	色泽：淡白色 香气：鱼汤香、香料香、酒香 口味：鲜 形态：半流体、有光泽 质感：滑爽、细腻
3	成品安全卫生

实例 30 煎鱼柳配香草番茄汁

配菜不能超过主料的1/3

— 柠檬
— 番茄汁
— 胡萝卜

— 甜豆
— 土豆饼
— 鱼柳

— 节瓜

操作方法：

a. 鱼柳用盐、白胡椒粉、白葡萄酒、柠檬汁腌渍 15min 左右。

b. 腌渍后的鱼柳拍上面粉，放入煎盘用色拉油煎成金黄色。

c. 洋葱末、蒜泥炒香后，加入罗勒、阿里根奴、百里香炒香，然后加入番茄炒透，再加番茄酱炒透，稍冷却用粉碎机粉碎，过滤后，沙司回锅倒入番茄沙司充分混合，并加入黄油调节浓稠度及口味。

d. 沙司用圈模放于盘中间，上面放上煎鱼柳，边上放配菜和柠檬片。

操作要点：

在煎鱼柳时不要随意翻动鱼柳，直至煎上色再翻面。

问题思考：

煎鱼柳为什么需要搭配柠檬？

序号	评价要素
1	每份出品 120g
2	色泽：鱼块表面呈金黄色 香气：鱼香、沙司香、黄油香 口味：咸味适口、鲜、微酸 形态：块状、整齐不碎、装盘不碎、配菜搭配合理 质感：软、嫩、鱼肉有些许汁水
3	成品安全卫生

主料：

净鱼柳 1 片（不少于 120g）。

辅料：

洋葱末 20g、番茄块 100g、蒜泥 5g、罗勒 1g、阿里根奴 1g、百里香 1g、番茄沙司 100mL、面粉 10g。

调料：

白葡萄酒 200mL、黄油 30g、白胡椒 0.5g、番茄酱 20g、盐 1g、色拉油 100mL、柠檬汁 5mL。

配菜：

手指胡萝卜（10g/ 根）2 根、柠檬 1/6 个（15g）、节瓜丁 10g、甜豆 1 个、土豆饼 15g。

工具：

菜板、西餐刀、原料盘、汤碗。

器皿：

12 英寸圆平盘。

建议使用盘式原料：

罗勒碎、荷兰芹末。

问：如何才能取得高分？

答：1. 摆盘精致。

　　2. 鱼柳外脆里嫩。

165

实例 ㉛ 煎鸡胸配罗勒奶油汁

操作时间：30min。

配菜不能超过主料的1/3

- 蘑菇
- 鸡胸肉
- 西兰花
- 樱桃番茄
- 煎土豆
- 奶油沙司

操作方法：

a. 鸡胸用盐、白胡椒粉、白葡萄酒腌渍。

b. 腌渍后的鸡胸拍上面粉，放入热锅中煎至金黄色并成熟，装盘。

c. 罗勒洗净，加入橄榄油，粉碎备用。

d. 洋葱切丝，加白葡萄酒熬至浓稠。

e. 制作奶油罗勒沙司，将制作好的奶油沙司加入罗勒碎、浓缩白葡萄酒汁。

f. 鸡胸放在盘中间，上面和边上淋奶油罗勒汁，加入配菜即可。

操作要点：

在煎鸡胸时不要随意翻动鸡胸，直至煎上色再翻面。

问题思考：

如何查看鸡胸是否成熟？

序号	评价要素
1	每份出品 150g
2	色泽：鸡胸表面呈金黄色 香气：鸡肉香、沙司香、酒香 口味：咸味适口、鸡胸鲜美 形态：鸡胸完整、装盘美观、配菜搭配合理 质感：肉质、有些许汁水、不柴，沙司有光泽
3	成品安全卫生

主料：

鸡胸 1 片（不少于 150g）。

辅料：

牛奶、奶油、罗勒 5g、奶油沙司 150mL、洋葱 15g、面粉 10g、橄榄油 20mL。

调料：

白葡萄酒 200mL、黄油 20g、盐 2g、白胡椒粉 0.5g。

配菜：

土豆块 4 块、樱桃番茄 1 颗、西兰花（4g/朵）3 朵、油炸罗勒 0.5g、蘑菇片 3g。

工具：

菜板、西餐刀、原料盘、汤碗。

器皿：

12 英寸圆平盘。

建议使用盘式原料：

罗勒、荷兰芹末、胡椒碎、番茄丁。

问：如何才能取得高分？

答：1. 摆盘精致。

2. 鸡胸外脆里嫩。

实例 32 煎羊排配迷迭香汁

操作时间：30min。

配菜不能超过主料的1/3

—— 新鲜迷迭香
—— 土豆泥

—— 羊排
—— 西兰花
—— 节瓜
—— 迷迭香汁

操作方法：

　　a. 羊排用盐、白胡椒粉、黄芥末腌渍。

　　b. 腌渍后的羊排拍上面粉，加入黄油，煎至五成熟，喷入白兰地。

　　c. 洋葱切末备用。

　　d. 黄油炒香洋葱末、迷迭香，加入红葡萄酒，烧至浓稠，过滤后回锅加布朗沙司，烧开调味。

　　e. 盘中间放土豆泥，上面放羊排，插迷迭香1根（长5cm）。沙司淋于羊排，边上配西兰花、手指胡萝卜、节瓜和土豆泥。

操作要点：

　　a. 羊排需要开大火煎制，不让其中水分流出。

　　b. 煎羊排时不宜多翻动。

问题思考：

　　如何查看羊排几分熟？

序号	评价要素
1	每份出品 150g
2	色泽：羊排表面呈深棕色 香气：羊肉香、香料香、酒香 口味：咸味适口、鲜、微胡椒辣、迷迭香独特香 形态：带骨原片状、装盘美观、配菜搭配合理 质感：嫩、肉质有弹性、多汁
3	成品安全卫生

主料：

　　羊排 3 块（150g 以上）。

辅料：

　　新鲜迷迭香（0.5g/ 根）2 根、布朗沙司 100mL、蒜蓉 6g、面粉 10g、洋葱 10g。

调料：

　　红葡萄酒 200mL、黄油 30g、盐 1.5g、白胡椒粉 0.5g、白兰地 5mL、黄芥末 7g、色拉油 100mL。

配菜：

　　土豆泥 50g、手指胡萝卜（10g/ 根）1 根、西兰花（10g/ 朵）1 朵、节瓜（5g/ 片）2 片。

工具：

　　菜板、西餐刀、原料盘、汤碗。

器皿：

　　12 英寸圆平盘。

建议使用盘式原料：

　　彩椒、节瓜、番茄、迷迭香。

问：如何才能取得高分？
答：羊排形状完整、配菜搭配合理。

实例 ③③ 煎牛排配黑胡椒汁

配菜不能超过主料的1/3

— 炸土豆片

— 芦笋
— 牛菲力
— 甜豆
— 煎土豆
— 黑胡椒汁

操作方法：

a. 把牛菲力筋剔去，用拍刀拍成扁平状，用刀刃略拍，撒上盐、胡椒粉、干红葡萄酒，腌制。

b. 沙司锅上炉子，加黄油依次炒香洋葱末、蒜蓉、黑胡椒碎粒，再喷入白兰地，加入布朗沙司熬沸，加入盐、胡椒粉调好口味，即成黑胡椒沙司。

c. 在腌制牛菲力的一面撒上些黑胡椒粒和干面粉，煎盘上炉子加植物油烧至180℃，将牛菲力放入煎上色（有胡椒粒的一面先煎），达到五成熟。

d. 盘中放入配菜和牛菲力，浇上黑胡椒沙司即可。

操作要点：

a. 制作牛排时，需要用手来测试牛排的生熟度，生的牛排肉质较软，全熟的牛排肉质偏硬。

b. 牛排需要高油温进行封煎，以保存里面的水分。

问题思考：

a. 牛排煎至所需的程度和用烤箱烤至所需要程度，哪种方法更好？

b. 牛排适合用什么盐来搭配佐食？

主料：

牛菲力 150g。

辅料：

布朗沙司 100mL、面粉少许、洋葱末 15g、蒜蓉 6g。

调料：

黄油 30g、黑胡椒碎粒 3g、白兰地 5mL、盐 1.5g、胡椒粉 0.5g、植物油 200mL、干红葡萄酒 5mL。

配菜：

炸土豆块 50g、黄油炒迷你胡萝卜(8g/根)1根、芦笋(6g/根)1根甜豆1根。

工具：

菜板、西餐刀、原料盘。

器皿：

12 英寸圆平盘。

建议使用盘式原料：

炸罗勒、土豆泥、樱桃番茄、西兰花等。

问：如何才能取得高分？
答：1. 牛排表面焦色。
2. 配菜、主菜搭配合理。

序号	评价要素
1	每份出品 150g
2	色泽：牛排表面呈深棕色 香气：牛肉香、胡椒香、酒香 口味：咸、鲜、微辣 形态：圆饼状、装盘美观、配菜搭配合理 质感：鲜嫩、多汁、有弹性
3	成品安全卫生

实例 ③④ 煎猪排配干葱汁

配菜不能超过主料的1/3

- 百里香
- 带骨猪排
- 甜红椒
- 节瓜
- 水煮土豆
- 干葱汁

操作方法：

a. 把猪排的筋剔去，用拍刀拍成扁平状，用刀刃略拍，撒上盐、白胡椒粉腌制。

b. 将腌制好的猪排拍上面粉，取锅倒入油烧热以后放入猪排，煎至金黄色。

c. 将干葱切丝，炒制焦香，加入红葡萄酒煮至浓稠，粉碎过滤成泥。

d. 布朗沙司煮沸加入干葱泥，用黄油调节浓稠度，最后用盐、白胡椒粉调味成干葱汁。

e. 盘中放入配菜和猪排，浇上干葱汁即可。

操作要点：

a. 猪肉煎至金黄色，并保证全熟。

b. 洋葱炒到焦黄色。

问题思考：

a. 煎制猪肉的时候，为什么要拍面粉？

b. 和猪肉搭配的香料还有哪些？

序号	评价要素
1	每份出品 150g
2	色泽：猪排表面呈金黄色、色泽均匀 香气：猪肉香、洋葱香、沙司香 口味：咸、鲜、味醇 形态：带骨状、装盘美观、配菜搭配合理 质感：嫩、有些许汁水、肉质有弹性
3	成品安全卫生

主料：

带骨猪排 170g。

辅料：

干葱（20g/个）2个、蒜蓉6g、布朗沙司50mL。

调料：

红葡萄酒200mL、盐1.5g、白胡椒粉0.5g、白葡萄酒15mL、干面粉25g、色拉油100mL、黄油20g。

配菜：

水煮土豆2个、煎节瓜片3片、烤红甜椒1片。

工具：

菜板、西餐刀、原料盘。

器皿：

12英寸平盘。

建议使用盘式原料：

炸罗勒、百里香、土豆泥、樱桃番茄、西兰花等。

问：如何才能取得高分？

答：1. 猪肉老嫩适宜。

2. 配菜、主菜搭配合理。

实例 35 俄式炒牛肉丝

操作时间：30min。

配菜不能超过主料的1/3

玉兰菜
牛里脊肉
酸奶油
黄油米饭
甜豆

操作方法：
a. 把牛里脊肉、洋葱、青椒、番茄、酸黄瓜都切成丝。
b. 精制油入锅，炒香洋葱丝后加入牛肉丝，炒至牛肉丝变色，喷入干红葡萄酒，加入番茄酱、布朗沙司，略翻炒后加入酸黄瓜丝、青椒丝、蘑菇丝翻炒，用盐、胡椒粉、红椒粉调味即可。
c. 盘中放入炒好的牛肉丝，其上淋酸奶油，边上配黄油炒米饭、玉兰菜和甜豆即成。

操作要点：
a. 牛肉丝要用大火快炒，以免其肉质变老。
b. 酸奶油需要最后放入，以增加风味。

问题思考：
牛肉丝加入酸奶油口感上有什么变化？

序号	评价要素
1	每份出品 150g
2	色泽：深棕色、间有蔬菜色、酸奶色 香气：牛肉香、蔬菜香、沙司香 口味：咸、鲜、微辣 形态：牛肉呈条状、粗细均匀、装盘美观成堆状、配菜搭配合理 质感：鲜嫩，有弹性
3	成品安全卫生

主料：
牛里脊肉 200g。
辅料：
洋葱 20g、青椒 20g、番茄 20g、蘑菇片 20g、蒜蓉 6g、酸黄瓜 20g、布朗沙司 80mL。
调料：
干红葡萄酒 200mL、酸奶油 40mL、番茄酱 30g、盐 2g、精制油 10mL、红椒粉、胡椒粉各少量。
配菜：
米饭 50g、甜豆 5 根、玉兰菜 1 片。
工具：
菜板、西餐刀、原料盘。
器皿：
12 英寸平盘。
建议使用盘式原料：
炸罗勒、百里香、土豆泥、樱桃番茄、西兰花等。

问：如何才能取得高分？
答：1. 蔬菜搭配合理。
　　2. 牛肉奶香浓郁。

实例 36 炸火腿奶酪猪排

操作时间：30min。

配菜不能超过主料的1/3

—— 胡萝卜
—— 西兰花
—— 罗勒叶
—— 猪排肉
—— 土豆饼

操作方法：

a. 把猪排肉平片成两片（中间可以不断开），用拍刀拍开，稍剁，铺平。

b. 把火腿切成片，包裹在奶酪片内，夹入猪排肉里，周围压紧。

c. 在猪排上撒上盐、胡椒粉、白葡萄酒入味，粘上面粉，拖上鸡蛋液，再粘上鲜面包粉，用手按实。

d. 把猪排放入 150℃油温的炸炉内，炸成金黄色，捞出，装盘。

e. 在盘边配上配菜即可。

操作要点：

a. 猪排包裹时注意用力均匀。

b. 做这道菜时油温不应太高，以免内部无法成熟。

问题思考：

这道菜放入奶酪片的作用是什么？

主料：

猪排肉（3号肉）150g。

辅料：

鲜面包粉 25g、鸡蛋液 30g、面粉 25g、奶酪片 20g、火腿 40g。

调料：

盐 1g、胡椒粉 0.5g、白葡萄酒 20mL、黄油 30g。

配菜：

土豆饼 40g、胡萝卜（5g/根）2 根、西兰花（8g/朵）1 朵。

工具：

菜板、西餐刀、原料盘。

器皿：

12 英寸平盘。

建议使用盘式原料：

炸罗勒、百里香、土豆泥、樱桃番茄。

问：如何才能取得高分？

答：1. 炸火腿奶酪猪排形状饱满。

2. 配菜搭配合理。

序号	评价要素
1	每份出品 150g
2	色泽：猪排表面呈金黄色、色泽均匀 香气：猪肉香、奶酪香、面包糠香 口味：咸、肉鲜、奶酪鲜 形态：猪排切开后两面猪肉厚薄均匀、呈长方形、无奶酪溢出、装盘美观、配菜搭配合理 质感：多汁、滑爽、猪肉外脆里嫩
3	成品安全卫生

实例 ③⑦ 美式炸鸡腿配番茄汁

🕐 操作时间：30min。

配菜不能超过主料的1/3

—— 节瓜
—— 胡萝卜
—— 炸鸡腿
—— 土豆饼

—— 百里香

—— 番茄沙司

操作方法：

a. 鸡腿洗净，用盐、胡椒粉、豆蔻粉、玉桂粉、咖喱粉、白葡萄酒、鸡精、糖腌制片刻。

b. 腌制好的鸡腿依次拍上面粉、蛋液、面包糠，入180℃的油锅炸熟，捞出后待油温再次升高后复炸至上色。

c. 盘中放入鸡腿，一边放上配菜和番茄沙司即可。

操作要点：

a. 腌制鸡腿时咖喱粉不需加太多，上色即可。

b. 炸鸡腿时，油温不宜过高，以免内部无法成熟。

问题思考：

炸鸡腿为什么需要搭配番茄沙司？

序号	评价要素
1	标准分量
2	色泽：鸡腿表面呈金黄色、色泽均匀 香气：鸡腿香、奶香、面包糠香 口味：咸、鲜、微辣 形态：鸡腿形状完整、装盘美观、配菜搭配合理 质感：肉嫩、有些许汁水、肉质不柴
3	成品安全卫生

主料：

鸡腿（琵琶腿）2只（不少于150g）。

辅料：

面粉25g、蒜蓉6g、鸡蛋30g、面包糠25g。

调料：

豆蔻粉0.5g、玉桂粉0.5g、咖喱粉0.5g、盐1.5g、胡椒粉0.5g、白葡萄酒15mL、鸡精0.5g、糖1g、黄油20g、色拉油500mL、番茄沙司20g。

配菜：

胡萝卜两根(6g/根)2根、节瓜条(6g/根)1根、土豆饼20g。

工具：

菜板、西餐刀、原料盘。

器皿：

12英寸平盘。

建议使用盘式原料：

炸百里香、西兰花、樱桃番茄。

问：如何才能取得高分？
答：1. 蔬菜搭配合理。
　　2. 鸡腿颜色金黄。

实例 38 英式炸鱼排配太太汁

 操作时间：30min。

配菜不能超过主料的1/3

薯条
鱼排
柠檬角
西兰花
樱桃番茄
太太沙司

操作方法：

a. 鱼柳用盐、白胡椒粉、柠檬汁、白葡萄酒腌制。

b. 腌制好的鱼排依次拍上面粉、蛋液、面包糠，炸熟呈金黄色。

c. 西兰花切成朵状并用黄油炒熟。

d. 炸鱼排置于盘的中间，周边放上配菜和太太沙司。

e. 将土豆切成 1cm×1cm×7cm 的长条，然后放入 180℃ 左右的油中进行炸制，当有硬壳以后捞出，待油温再次升高后放入油中复炸，呈金黄色即可。

操作要点：

a. 海鲜类食物不宜长时间加热，以免肉质变老。

b. 购买鲜鱼时应注意预估去净。

问题思考：

a. 太太沙司和炸鱼排为什么适合搭配在一起？

b. 这道菜使用哪种鱼柳最佳？

主料：

净鱼柳 2 片。

辅料：

面粉 25g、鸡蛋 30g、面包糠 25g。

调料：

太太沙司 20g、盐 1g、白胡椒粉 0.5g、白葡萄酒 15mL。

配菜：

土豆 80g、柠檬角（20g/个）1个, 西兰花（8g/朵）2 朵、樱桃番茄 1 个。

工具：

菜板、西餐刀、原料盘。

器皿：

10 英寸平盘。

建议使用盘式原料：

炸罗勒、百里香、土豆泥、樱桃番茄。

问：如何才能取得高分？
答：鱼排无骨、鲜嫩，配菜搭配合理。

序号	评价要素
1	每份出品 150g
2	色泽：鱼排表面呈金黄色、色泽均匀 香气：鱼排香、黄油香、面包糠香 口味：咸、鲜、胡椒粉鲜辣 形态：呈长方形、完整不碎、装盘美观、配菜搭配合理 质感：嫩、有些许汁水、鱼肉断生为好、肉质有弹性
3	成品安全卫生

实例 39 煮鱼柳配白酒汁

 操作时间：30min。

配菜不能超过主料的1/3

— 罗勒
— 胡萝卜
— 西兰花
— 水煮土豆
— 鱼柳
— 白酒汁
— 柠檬片

操作方法：
a. 鱼柳用盐、白胡椒粉、柠檬汁、白葡萄酒腌制。
b. 白葡萄酒加洋葱、芹菜、胡萝卜、香叶和水煮沸，加入鱼柳煮至断生，将鱼柳取出装盘，汤汁过滤。
c. 过滤后的汤汁用黄油调节浓稠度并调味。
d. 煮鱼柳放于盘中间，淋白葡萄酒汁，边上放上配菜即可。

操作要点：
a. 鱼柳需放入开水锅煮至断生。
b. 白葡萄酒汁打入黄油调节浓稠度时，最好使用冻黄油。

问题思考：
煮鱼柳时为什么需要在水中加入那么多的香料和酒？

序号	评价要素
1	每份出品 150g
2	色泽：鱼排本色 香气：鱼香、奶油香、酒香 口味：鱼肉咸、鲜适口、酒醇 形态：呈鱼柳状、完整不碎、装盘美观、配菜搭配合理 质感：嫩、肉质有弹性、软滑、鱼柳烹制全熟
3	成品安全卫生

主料：
净鱼柳 120g、樱桃番茄 20g、柠檬37g 。
辅料：
洋葱 100g、芹菜 50g、胡萝卜 50g、香叶 0.5g。
调料：
白胡椒粉 0.5g、黄油 15g、盐 1g、白葡萄酒 10mL。
配菜：
西兰花（8g/朵）1 朵、水煮胡萝卜球 2 颗、水煮土豆球 2 个、柠檬片 1 片、罗勒叶 1g。
工具：
菜板、西餐刀、原料盘。
器皿：
12 英寸平盘。
建议使用盘式原料：
炸罗勒、百里香、土豆泥、樱桃番茄。

问：如何才能取得高分？
答：1. 鱼柳无骨、鲜嫩。
    2. 配菜搭配合理。

174

模拟试卷

CHAPTER 4

理论知识考试模拟试卷

注意事项

1. 考试时间：90min。

2. 请首先按要求在试卷的标封处填写您的姓名、准考证号和所在单位的名称。

3. 请仔细阅读各种题目的回答要求，在规定的位置填写您的答案。

4. 不要在试卷上乱写乱画，不要在标封区填写无关的内容。

	一	二	总分
得分			

得分	
评分人	

一、判断题（第1题~第60题。将判断结果填入括号中。正确的填"√"，错误的填"×"。每题0.5分，满分30分）

1. 随着餐饮业的发展，西餐按供应方式可分为零点西餐、套式西餐、自助式　　（　）
西餐、西式快餐和宴席西餐。

2. 改革开放以来西餐在我国迅速发展，菜系以俄式菜为主。　　　　　　（　）

3. 法国的国土紧临地中海和大西洋，物产丰富。　　　　　　　　　　（　）

4. 辐射式烤箱的工作原理是利用鼓风机使热空气不断地在整个烤箱内循环。　　（　）

5. 帽形滤器是用铁丝等编制成的网筛，用于原料余水后沥干水分。　　　（　）

6. 西门塔尔牛原产英国，是典型的肉用牛。　　　　　　　　　　　　（　）

7. 家禽按其用途可分为肉用型、卵用型和兼用型。　　　　　　　　　（　）

8. 普通叶菜品种很多，常见的有洋白菜、团生菜等。　　　　　　　　（　）

9. 洋葱又名葱头，属百合科多年生草本植物，原产于地中海沿岸。　　（　）

10. 醋按制作方法不同，可分为发酵醋和兑制醋两类。　　　　　　　（　）

11. 原料加工是菜品制作中最基本的一道工序。　　　　　　　　　　（　）

12. 经过刀工处理的原料，由于其规格一致，所以便于烹调入味。　　（　）

13. 临灶操作时一般是左手握煎盘把或锅柄等。　　　　　　　　　　（　）

14. 制作布朗基础汤时要将骨头锯开，放入烤箱烤成咖啡色。　　　　（　）

15. 直切是用刀笔直地切下去，一刀切断，运刀时既不前推也不后拉。　（　）

16. 色调清新和谐、造型美观、令人赏心悦目、诱人食欲是西餐冷菜的一个 （ ）
特点。

17. 道德是构成人类文明，特别是精神文明的重要内容。 （ ）

18. 餐厅厨房一般采用药物灭鼠法。 （ ）

19. 成本可以综合反映企业的销售质量。 （ ）

20. "非常感谢！" 的英语表述是：What are we going to cook for break- （ ）
fast?

21. 出材率与损耗率之和为 100%。 （ ）

22. 餐具消毒制度规定：碗、杯、盆、刀叉等饮食器具使用后，应用温热水洗刷、 （ ）
刮净、干燥。

23. 餐具清洗程序即通常所说的 "一刮、二洗、三冲"。 （ ）

24. 沙拉是英语 salad 的译音，泛指开胃小吃。 （ ）

25. 串烧是一种温度较低、时间较长的烹调方法。 （ ）

26. 焖制菜品既可制作质地鲜嫩的原料，也适宜制作结缔组织较多的原料。 （ ）

27. 温煮使菜品保持较多的水分，具有质地细嫩、口味清淡、原汁原味的特点。 （ ）

28. 制作奶油汤主要是利用淀粉的乳化与脂肪的糊化现象。 （ ）

29. 西餐菜品中的配菜大体可分为面包类、蔬菜类和沙司类。 （ ）

30. 不新鲜的骨头、肉或蔬菜会给基础汤带来不良气味，且容易变质。 （ ）

31. "烟熏" 的英语表述是：smoke。 （ ）

32. "煎" 的英语表述是：frieg。 （ ）

33. 西式早餐因供应的食品和服务形式的不同，可分为英美式早餐和欧洲大 （ ）
陆早餐两种。

34. 半制成品是经过初步熟处理或调味拌制、腌制的各种原料的净料。 （ ）

35. 烹饪原料和药物在储藏室可以分开存放。 （ ）

36. 醋油汁又称法国醋沙司，广泛用于蔬菜沙拉的调味。 （ ）

37. 英语 pepper 的中文意思是：胡椒粉。 （ ）

38. 焗的传热介质是空气，传热形式是对流。 （ ）

39. 加工前全部原料质量乘以出材率等于加工后可用原料的质量。 （ ）

40. 英语 horse radish 的中文意思是：辣根。 （ ）

41. 炸制菜肴的温度最低为 190℃。 （ ）

42. "水果刀" 的英语表述是：cake knife 。　　　　　　　　　　（　）

43. 加工前是一种原料，加工后还是一种原料或半成品，且下脚料有作价（　）
款时，加工后原料单位成本等于加工前原料进货总值／加工后原料质量。

44. 沸煮的传热形式是辐射和传导。　　　　　　　　　　　　　（　）

45. 冷菜大体上可分为冷开胃菜和冻甜品类二种。　　　　　　　（　）

46. 根据加工前原料进货价格及出材率，可计算加工后原料的质量。（　）

47. 在烹调中会有一定量水分的蒸发，因此在煮汤的过程中可以加入少量冷（　）
水来补充水分。

48. "搅拌机" 的英语表述是：kneader 。　　　　　　　　　　　（　）

49. 畜肉胴体的前部和下部结缔组织较少，含水分多，肉纤维比较细，肉质（　）
也较嫩。

50. 加工前原材料质量＝加工后净料或半成品的质量。　　　　　（　）

51. 由于烹调中使用的沙司不同，烩可以分为红烩、白烩、混合烩等不同类型。（　）

52. "烤炉" 的英语表述是：salamander 。　　　　　　　　　　（　）

53. 净料是指经过初步加工的原料。　　　　　　　　　　　　　（　）

54. 个人卫生 "四勤" 是勤洗手、勤剪指甲、勤洗澡、勤理发。　（　）

55. "今天早餐做什么？" 的英语表述是：Thank you very much.（　）

56. 冷冻禽类的解冻方法与冻肉的解冻方法是完全不同的。　　　（　）

57. 炸制菜品传热介质是对流和传导。　　　　　　　　　　　　（　）

58. 奶油汤起源于意大利。　　　　　　　　　　　　　　　　　（　）

59. 加工后原料损耗质量是加工前原料全部质量与加工后原料净重之差。（　）

60. "晚上好！" 的英语表述是：Good morning!　　　　　　　（　）

得分	
评分人	

二、单项选择题（第 1 题～第 70 题。选择一个正确的答案，将相应的字母填入题内的括号中。每题 1 分，满分 70 分）

1. 西餐是中国人及其他东方国家人们对（　　）各国菜点的统称，同时也是对西方餐饮文化的统称。

A. 欧美　　B. 欧洲　　C. 西欧　　D. 美洲

2. 西餐传入我国的时间是（　　）。

A.15 世纪中叶　　B.16 世纪中叶　　C.17 世纪中叶　　D.18 世纪中叶

3. 意大利人喜欢（　　），其消费量在西方国家首屈一指。

A. 甜食　　B. 面食　　C. 肉制品　　D. 喝酒

4. 微波炉是利用将电能转换成微波、通过高频电磁场对介质加热的原理，使原料分子（　　）而产生高热。

A. 产生运动　　B. 剧烈摩擦　　C. 剧烈振动　　D. 迅速膨胀

5.（　　）的刀身短、宽、厚，形似中餐厨刀。

A. 砍刀　　B. 厨刀　　C. 拍刀　　D. 烤肉刀

6. 肌纤维细胞中的内容物称为（　　），其流失会严重影响肉本身的营养和风味。

A. 细胞液　　B. 组织液　　C. 肌浆　　D. 胶原

7.（　　）是我国绵羊中体型最大，数量最多的一种。

A. 蒙古肥尾羊　　B. 大尾寒羊　　C. 中国美利奴羊　　D. 新疆细毛羊

8. 今天，世界最著名的肉用鸭，无不含有（　　）的血统。

A. 绿嘴鸭　　B. 北京鸭　　C. 洋鸭　　D. 麻鸭

9. 鹌鹑明显的特征是颈和（　　）为红色。

A. 尾部　　B. 胸部　　C. 脚部　　D. 喉部

10. 以叶片和叶柄作为可食部分的蔬菜是（　　）。

A. 叶菜类　　B. 果菜类　　C. 花菜类　　D. 茎菜类

11. 番芫荽又名（　　）。

A. 香菜　　B. 洋香菜　　C. 香叶　　D. 荷兰芹

12. 羊肚菌是一种稀少的名贵菌类，其菌伞为不规则圆形，顶部有（　　）。

A. 菊花瓣花纹　　B. 网纹　　C. 网状蜂窝　　D. 裂纹

13. 食盐按其来源可分为海盐、湖盐、井盐和岩盐，其中（　　）使用最普遍。

A. 湖盐　　B. 海盐　　C. 井盐　　D. 岩盐

14. 丁香是丁香树的（　　）。

A. 花蕾　　B. 果实　　C. 种子　　D. 叶子

15. 鼠尾草主要用于鸡、鸭以及（　　）菜品。

A. 鱼类　　B. 海鲜类　　C. 蔬菜类　　D. 肉馅类

16. 保持原料的（　　）是原料加工的技术要求之一。

A. 营养成分　　B. 色彩艳丽　　C. 形态美观　　D. 原有质感

17. 刀工操作中的（　　）站法姿势优美，但易于疲劳。

A. 一字步　　B. 丁字步　　C. 八字步　　D. 平行步

18.（　　）适宜片原料较小，质地较嫩的原料，如鸡片、鱼片、虾片等。

A. 直刀片　　B. 拉刀片　　C. 推拉刀片　　D. 斜刀片

19. 包卷就是将经拍刀加工成薄片的原料，平铺在菜墩上，用（　　）把纤维剁断，再把一定形状的馅心放在中央，然后用刀的前部把原料从两侧向中部包严。

A. 刀刃　　B. 刀根　　C. 刀背　　D. 刀尖

20. 小翻每次约翻动原料的（　　）左右。

A.1/4　　B.1/3　　C.1/2　　D.2/3

21. 夏秋季虫卵较多，洗涤叶菜类蔬菜时可用浓度为（　　）的盐水浸泡 5min，使虫卵吸盐收缩，浮于水面，便于清洗。

A.1%　　B.2%　　C.3%　　D.4%

22. 蔬菜橄榄球中的英式橄榄球是由（　　）个面构成的形似橄榄状的细长形橄榄球。

A.1 ~ 2　　B.2 ~ 3　　C.4 ~ 5　　D.6 ~ 7

23. 沸水加工法可以使蔬菜中的（　　）软化，易于烹调。

A. 纤维素　　B. 果胶物质　　C. 表皮　　D. 角质

24.（　　）与菜品主料分开烹调的方法是西餐烹调的一大特点。

A. 沙司　　B. 副料　　C. 调料　　D. 汤汁

25. 与主料相搭配的菜品就叫（　　）。

A. 辅料　　B. 配菜　　C. 配料　　D. 冷菜

26. 炸制菜品的传热介质是油，传热形式是（　　）。

A. 辐射和对流　　B. 辐射和传导　　C. 对流和传导　　D. 对流

27. 鞑靼沙司的口味是（　　）。

A. 酸甜　　B. 微辣　　C. 咸鲜　　D. 酸咸

28. 食品生产人员必须（　　）进行健康检查。

A. 每半年　　B. 每年　　C. 每一年半　　D. 每两年

29. 冷餐原料切配时，操作人员应戴（　　）。

A. 帽子　　B. 口罩　　C. 围裙　　D. 领巾

30. 不断提高思想觉悟和自身素质，遵守职业道德，这些是做好（　　）的保证。

A. 清洁工作　　B. 环保工作　　C. 个人卫生　　D. 消毒工作

31. 冷藏器械要定期清洗和定期除霜、（　　），消除有害微生物的污染。

A. 干燥　　B. 检修　　C. 消毒　　D. 清理

32. 用蒸汽对餐具进行消毒，蒸汽的温度不得低于 95℃，消毒时间需（　　）min。

A.5　　B.10　　C.15　　D.20

33.1kg 土豆，经去皮剩 920g。那么其出材率为（　　）。

A.90%　　B.92%　　C.96%　　D.98%

34. 英语 Please fix a sandwich. 的中文意思是：（　　）。

A. 请制作一份三明治　　B. 请做一份蔬菜沙拉

C. 请把水煮开　　　　　D. 请把这盘菜热一下

35. 食品容器制作必须使用符合（　　）的原材料。

A. 企业要求　　B. 行业要求　　C. 卫生要求　　D. 美观要求

36. 出材率是表示原材料（　　）程度的指标。

A. 加工　　B. 利用　　C. 销售　　D. 新鲜

37. 食品卫生标准和管理办法对批准颁发的（　　），以及各有关部门的职责及关系作了明确规定。

A. 机关、程序和批准权限　　B. 时间、程序和批准权限

C. 机关、程序和时限　　　　D. 机关、手续和批准权限

38. 炒制菜品的温度范围在（　　）℃。

A.130～150　　B.150～170　　C.170～190　　D.150～190

39. 调制奶油汤有两种方法：一种是热打法，另一种是（　　）。

A. 冰打法　　B. 冷打法　　C. 温打法　　D. 抽打法

40. 消毒用过氧乙酸的常用浓度为（　　）。

A.2%～10%　　B.5%～12%　　C.10%～15%　　D.15%～20%

41. 消灭苍蝇必须实行（　　）的原则。

A. 杀灭成蝇　　B. 消灭滋生地　　C. 灭蛹杀蛆　　D. 标本兼治

42. 菜板适宜切配冷菜、蔬菜等（　　）原料。

A. 带细骨　　B. 坚硬　　C. 有韧性　　D. 脆嫩性

43. 在尊师爱徒的前提下团结合作、（　　）和补充是时代的要求。

A. 互相敬重　　B. 互相尊重　　C. 互相学习　　D. 互相竞争

44. 制作白色基础汤时，把生骨头等原料放入锅内煮开后，用小火煮（ ）h，并不断地撇去浮沫和油脂。

A.1～2　　B.2～3　　C.3～4　　D.4～5

45. 快餐的一个特点是（ ）。

A. 制作便捷　　B. 营养丰富　　C. 食用方便　　D. 保存长久

46. 要用（ ）的植物油制作西餐冷菜。

A. 熔点高　　B. 熔点低　　C. 易凝结　　D. 易消化

47. 煎的温度最低不得低于（ ）℃。

A.80　　B.85　　C.90　　D.95

48. 铁扒的传热形式是（ ）。

A. 对流与传导　　B. 热辐射与传导　　C. 热辐射与对流　　D. 对流换热

49. 炒的菜品具有（ ）的特点。

A. 外脆里嫩　　B. 鲜嫩爽口　　C. 鲜香软嫩　　D. 脆嫩鲜香

50. 制作里脊肉排应逆纤维方向将其切成（ ）cm 左右的片。

A.1.5～2　　B.2～3.5　　C.3～5　　D.4～6

51. 菜蓉汤类大都是用各种蔬菜制的菜蓉，加上清汤或（ ）调制而成的。

A. 基础汤　　B. 冷汤　　C. 浓汤　　D. 牛奶

52. 西餐菜品中的配菜也有一定规律可循，一般水产类菜品配（ ）。

A. 煮土豆或土豆泥　　B. 应时蔬菜　　C. 面食　　D. 酸菜

53. 餐厅卫生包括两个方面，一是日常性清洁卫生；另一是餐厅（ ）的卫生。

A. 周边环境　　B. 进食区域　　C. 装饰物　　D. 操作环境

54. 沙司按其性质和用途可分为热沙司、冷沙司和（ ）三个大类。

A. 辣沙司　　B. 甜沙司　　C. 清沙司　　D. 固体沙司

55. 职业道德的基本规范要求把（ ）利益摆在第一位。

A. 员工　　B. 公众和社会　　C. 老板　　D. 企业

56. 沙司在菜品中的作用之一是：（ ）和增加菜品的口味。

A. 确定　　B. 减少　　C. 改变　　D. 保持

57. 制作鱼基础汤时先将黄油放入厚底锅中烧热，再放入洋葱片、鱼骨及其他原料，加盖，用小火煎 5min 加水煮开，再用小火煮（ ）min 左右，并不断地撇去浮沫和油脂。

A.35　　B.40　　C.45　　D.50

58.（　　）基础汤用于白沙司、白烩及黄烩菜品制作。

A. 黄色　　B. 鱼　　C. 白色　　D. 布朗

59. 冷水加工法适宜加工（　　）。

A. 动物性原料　　B. 植物性原料　　C. 蔬菜性原料　　D. 辛香性原料

60. 鸡的分档取料是将鸡分割成鸡腿、鸡脯、（　　）、骨架四大类，整理干净即可。

A. 鸡颈　　B. 鸡翅　　C. 鸡里脊　　D. 鸡皮

61. 千岛汁是以（　　）为基础衍变而来的一种沙司，常用于沙拉和部分热菜的调味。

A. 马乃司　　B. 番茄沙司　　C. 辣椒沙司　　D. 鞑靼沙司

62. 应养成良好的操作卫生习惯，（　　）用后要及时洗刷，并要沥干。

A. 盛菜盘子　　B. 案板、菜墩　　C. 炊具　　D. 清洁工具

63.（　　）解冻法传热快，解冻时间短，但肉中的营养成分及水分损失较多，使肉的鲜嫩程度降低，不宜采用。

A. 空气　　B. 水泡　　C. 微波　　D. 加热

64. 切沃夫片可先将原料削成圆柱形，再用波纹刀或沃夫刀切成（　　）的片。

A. 波纹状　　B. 圆弧状　　C. 蜂窝状　　D. 橄榄状

65. 菜花内部易留有虫卵，可用（　　）的盐水浸泡后，使其萎缩掉入水中，再用清水洗净。

A.2%　　B.3%　　C.4%　　D.5%

66. 拉翻一次约可翻动菜品的（　　）左右。

A.1/4　　B.1/3　　C.1/2　　D.2/3

67. 蒸的传热形式是（　　）。

A. 对流和传导　　B. 辐射和传导　　C. 辐射和对流　　D. 对流换热

68.（　　）的方法适宜加工各种肉排、鸡排等。

A. 剁断　　B. 剁烂　　C. 剁形　　D. 剁碎

69. 刀工操作时各种（　　）、容器要摆放整齐、有条不紊。

A. 原料　　B. 配料　　C. 调料　　D. 工具

70. 英语 sour 的中文意思是（　　）。

A. 酸　　B. 甜　　C. 苦　　D. 辣

理论知识考试模拟试卷答案

一、判断题（第1题~第60题。将判断结果填入括号中。正确的填"√"，错误的填"×"。每题0.5分，满分30分）

1. √	2. ×	3. √	4. ×	5. ×
6. ×	7. √	8. ×	9. ×	10. ×
11. √	12. √	13. √	14. ×	15. √
16. √	17. √	18. ×	19. ×	20. √
21. √	22. ×	23. √	24. ×	25. ×
26. √	27. √	28. ×	29. ×	30. √
31. √	32. √	33. √	34. √	35. ×
36. √	37. √	38. ×	39. √	40. √
41. ×	42. ×	43. ×	44. ×	45. ×
46. ×	47. ×	48. ×	49. ×	50. ×
51. √	52. ×	53. ×	54. ×	55. √
56. ×	57. ×	58. ×	59. √	60. ×

二、单项选择题（第1题~第70题。选择一个正确的答案，将相应的字母填入题内的括号中。每题1分，满分70分）

1.A	2.C	3.B	4.C	5.A
6.C	7.A	8.B	9.D	10.A
11.B	12.C	13.B	14.A	15.D
16.A	17.B	18.B	19.D	20.C
21.B	22.D	23.B	24.A	25.B
26.C	27.D	28.B	29.B	30.C
31.C	32.C	33.B	34.A	35.C
36.B	37.A	38.D	39.C	40.A
41.D	42.D	43.C	44.D	45.C
46.B	47.D	48.B	49.D	50.B
51.C	52.A	53.B	54.B	55.B
56.A	57.C	58.C	59.A	60.C
61.A	62.B	63.B	64.C	65.A
66.C	67.D	68.C	69.A	70.A

操作技能考核模拟试卷

注意事项

1. 考生根据操作技能考核通知单中所列的试题做好考核准备。

2. 请考生仔细阅读试题单中具体考核内容和要求，并按要求完成操作或进行笔答或口答，若有笔答请考生在答题卷上完成。

3. 操作技能考核时要遵守考场纪律，服从考场管理人员指挥，以保证考核安全顺利进行。

注：操作技能鉴定试题评分表及答案是考评员对考生考核过程及考核结果的评分记录表，也是评分依据。

国家职业资格鉴定

西式烹调师（五级）操作技能考核通知单

姓名：

准考证号：

考核日期：

试题 1

试题代码：1.1.1。

试题名称：切土豆丝。

考核时间：10 min。

配分：7 分。

试题 2

试题代码：1.2.1。

试题名称：整鸡取胸成形。

考核时间：10 min 。

配分：8 分。

试题 3

试题代码：2.1.1。

试题名称：制作蛋黄酱。

考核时间：15 min 。

配分：5 分。

试题 4

试题代码：2.2.1。

试题名称：芦笋鸡蛋沙拉。

考核时间：20 min 。

配分：10 分。

试题 5

试题代码：2.3.1。

试题名称：火腿芝士三明治。

考核时间：10 min 。

配分：10 分。

试题 6

试题代码：3.1.1。

试题名称：罗宋汤。

考核时间：30 min。

配分：15 分。

试题 7

试题代码：3.2.2。

试题名称：基础奶油汁。

考核时间：10 min 。

配分：5 分。

试题 8

试题代码：3.3.2。

试题名称：煎鸡胸罗勒奶油汁。

考核时间：30 min 。

配分：20 分。

试题 9

试题代码：3.4.3。

试题名称：美式炸鸡腿配辣椒番茄汁。

考核时间：30 min。

配分：20 分。

西式烹调师（五级）操作技能鉴定
试题单

试题代码：1.1.1。

试题名称：切土豆丝。

考核时间：10 min。

1. 操作条件

（1）土豆 250g（自备）。

（2）刀工操作料理台等相关刀工设备与工具（刀具自备）。

（3）盛器。

2. 操作内容

（1）把土豆去皮洗净。

（2）把土豆切成丝。

3. 操作要求

（1）原料选用：选用优质土豆为原料，不能带成品或半成品入场，否则即为不合格。

（2）成品要求：土豆丝成品 100g 以上；土豆丝长为 6～7cm，粗为 0.2～0.25cm，粗细均匀、整齐划一、不连刀、不带皮；成品干净卫生。

（3）操作过程：规范、姿势正确、卫生、安全。

西式烹调师（五级）操作技能鉴定

试题评分表

试题代码及名称		1.1.1 切土豆丝								考核时间（min）	10
序号	评价要素	配分	等级	评分细则	评定等级						得分
					A	B	C	D	E		
1	原料与操作过程： （1）选用优质土豆为原料 （2）原料 250g （3）操作程序规范、姿势正确、动作熟练 （4）卫生、安全	2	A	符合全部要求							
			B	符合 3 项要求							
			C	符合 2 项要求							
			D	符合 1 项要求							
			E	差或未答题							
2	刀工成形： （1）成品 100g（不足100g 最高得分为 D） （2）土豆丝长为 6～7cm，粗为 0.2～0.25cm （3）粗细均匀，整齐划一 （4）不连刀，不带皮 （5）成品干净卫生	5	A	符合全部要求							
			B	符合 4 项要求							
			C	符合 3 项要求							
			D	符合 1～2 项要求							
			E	差或未答题							
合计配分		7		合计得分							
备注		否决项： 1. 不能带成品或半成品入场，否则即为 E 2. 如主料变质，评分为 D									

考评员（签名）：

等级	A（优）	B（良）	C（及格）	D（较差）	E（差或未答题）
比值	1.0	0.8	0.6	0.2	0

"评价要素"得分＝配分 × 等级比值。

西式烹调师（五级）操作技能鉴定

试题单

试题代码：1.2.1。

试题名称：整鸡取胸成形。

考核时间：10 min。

1. 操作条件

（1）光鸡一只（自备）。

（2）刀工操作料理台等相关刀工设备与工具（刀具自备）。

（3）盛器。

2. 操作内容

将整鸡取胸切割成形。

3. 操作要求

（1）原料选用：选用优质光鸡为原料，不能带成品或半成品入场，否则即为不合格。

（2）成品要求：鸡胸成品 2 片，鸡胸带翅根骨，鸡胸带皮不破，鸡胸连翅骨不带肉，成品干净卫生。

（3）操作过程：规范、姿势正确、卫生、安全。

西式烹调师（五级）操作技能鉴定

试题评分表

试题代码及名称			1.2.1 整鸡取胸成形		考核时间（min）					10

序号	评价要素	配分	等级	评分细则	评定等级					得分
					A	B	C	D	E	
1	原料与操作过程： （1）选用新鲜光鸡为原料 （2）光鸡1只 （3）操作程序规范、姿势正确、动作熟练 （4）卫生、安全	2	A	符合全部要求						
			B	符合3项要求						
			C	符合2项要求						
			D	符合1项要求						
			E	差或未答题						
2	刀工成形： （1）成品2片鸡胸（不足2片最高得分为D） （2）鸡胸带翅根骨 （3）鸡胸带皮不破 （4）鸡胸连翅骨不带肉 （5）成品干净卫生	6	A	符合全部要求						
			B	符合4项要求						
			C	符合3项要求						
			D	符合1~2项要求						
			E	差或未答题						
合计配分		8		合计得分						
备注		否决项： 不能带成品或半成品入场，否则即为E								

考评员（签名）：

等级	A（优）	B（良）	C（及格）	D（较差）	E（差或未答题）
比值	1.0	0.8	0.6	0.2	0

"评价要素"得分＝配分 × 等级比值。

西式烹调师（五级）操作技能鉴定

试题单

试题代码：2.1.1。

试题名称：制作蛋黄酱。

考核时间：15 min。

1. 操作条件

（1）原料（主料、辅料、特殊调料）自备。

（2）西式烹调操作室及相关设施设备和工具（刀具自备）。

（3）盛器（特殊盛器自备）。

2. 操作内容

制作蛋黄酱。

3. 操作要求

（1）原料选用：不能带成品或半成品入场，否则即为不合格。

（2）成品要求：蛋黄酱成品70g左右，沙司呈淡黄色，富有蛋香味，口味微酸、咸味适口，色泽光亮，沙司浓稠均匀不渗油，成品安全卫生。

（3）操作过程：规范、卫生、安全熟练。

西式烹调师（五级）操作技能鉴定

试题评分表

试题名称编号				2.1.1 制作蛋黄酱	考核时间（min）					15

序号	评价要素	配分	等级	评分细则	评定等级					得分
					A	B	C	D	E	
1	操作过程： （1）规范 （2）卫生 （3）安全 （4）动作熟练	1	A	符合全部要求						
			B	符合3项要求						
			C	符合2项要求						
			D	符合1项要求						
			E	差或未答题						
2	成品： （1）成品70g（不足60g最高得分为D） （2）沙司呈淡黄色 （3）富有蛋香味，口味微酸、咸味适口 （4）色泽光亮，沙司浓稠均匀不渗油 （5）成品安全卫生	4	A	符合全部要求						
			B	符合4项要求						
			C	符合3项要求						
			D	符合1~2项要求						
			E	差或未答题						
合计配分		5		合计得分						
备注		否决项： 1. 不能带成品或半成品入场，否则即为E 2. 如考生自备原料变质，不能食用，最高为D								

考评员（签名）：

等级	A（优）	B（良）	C（及格）	D（较差）	E（差或未答题）
比值	1.0	0.8	0.6	0.2	0

"评价要素"得分＝配分 × 等级比值。

西式烹调师（五级）操作技能鉴定

试题单

试题代码：2.2.1。

试题名称：芦笋鸡蛋沙拉。

考核时间：20 min。

1. 操作条件

（1）原料（主料、辅料、特殊调料）自备。

（2）西式烹调操作室及相关设施设备和工具（刀具自备）。

（3）盛器（特殊盛器自备）。

2. 操作内容

制作"芦笋鸡蛋沙拉"1份。

3. 操作要求

（1）操作过程：规范、熟练、卫生、安全。不能带成品或半成品入场，否则即为不合格。

（2）成品要求

1) 色泽：原料与沙司自然本色。

2) 香气：沙司香、蔬菜清香、鸡蛋香、坚果香。

3) 口味：咸味适口、微酸、清淡。

4) 形态：装盘美观、原料整齐、堆放饱满 。

5) 质感：蔬菜脆爽、鸡蛋嫩滑、口感爽口。

6) 成品安全卫生。

西式烹调师（五级）操作技能鉴定

试题评分表

试题代码及名称			2.2.1 芦笋鸡蛋沙拉		考核时间（min）					20
序号	评价要素	配分	等级	评分细则	评定等级					得分
					A	B	C	D	E	
1	色泽与香气： （1）原料自然本色 （2）沙司自然本色 （3）沙司香、蔬菜清香 （4）鸡蛋香、坚果香	3	A	符合全部要求						
			B	符合 3 项要求						
			C	符合 2 项要求						
			D	符合 1 项要求						
			E	差或未答题						

2	口味与质感： （1）咸味适口、微酸 （2）清淡 （3）质感爽口 （4）蔬菜脆爽 （5）鸡蛋嫩滑	4	A	符合全部要求						
			B	符合 4 项要求						
			C	符合 3 项要求						
			D	符合 1～2 项要求						
			E	差或未答题						
3	形态： （1）装盘美观 （2）原料整齐 （3）堆放饱满 （4）成品安全卫生	2	A	符合全部要求						
			B	符合 3 项要求						
			C	符合 2 项要求						
			D	符合 1 项要求						
			E	差或未答题						
4	操作过程： （1）规范 （2）熟练 （3）卫生 （4）安全	1	A	符合全部要求						
			B	符合 3 项要求						
			C	符合 2 项要求						
			D	符合 1 项要求						
			E	差或未答题						
合计配分		10	合计得分							
备注	否决项： 1.不能带成品或半成品入场，否则即为 E 2.如考生自备原料变质，不能食用，最高为 D									

考评员（签名）：

等级	A（优）	B（良）	C（及格）	D（较差）	E（差或未答题）
比值	1.0	0.8	0.6	0.2	0

"评价要素"得分＝配分 × 等级比值。

西式烹调师（五级）操作技能鉴定

试题单

试题代码：2.3.1。

试题名称：火腿芝士三明治。

考核时间：10 min。

1. 操作条件

（1）原料（主料、辅料、特殊调料）自备。

（2）西式烹调操作室及相关设施设备和工具（刀具自备）。

（3）盛器（特殊盛器自备）。

2. 操作内容

制作"火腿芝士三明治"1份。

3. 操作要求

（1）操作过程：规范、熟练、卫生、安全。不能带成品或半成品入场，否则即为不合格。

（2）成品要求

1) 色泽：面包金黄色、原料新鲜自然色。

2) 香气：面包香、火腿香、黄油香、芝士香。

3) 口味：微咸、火腿自然鲜。

4) 形态：装盘美观、形态饱满、边缘不破。

5) 质感：脆、软、滑爽。

6) 成品安全卫生。

西式烹调师（五级）操作技能鉴定

试题评分表

试题代码及名称			2.3.1 火腿芝士三明治		考核时间（min）					10
序号	评价要素	配分	等级	评分细则	评定等级					得分
					A	B	C	D	E	
1	色泽与香气： （1）面包金黄色 （2）原料新鲜自然色 （3）面包香、火腿香 （4）黄油香、芝士香	3	A	符合全部要求						
			B	符合 3 项要求						
			C	符合 2 项要求						
			D	符合 1 项要求						
			E	差或未答题						

2	口味与质感： （1）口味微咸 （2）火腿自然鲜 （3）质感脆 （4）软 （5）滑爽	4	A	符合全部要求						
			B	符合 4 项要求						
			C	符合 3 项要求						
			D	符合 1～2 项要求						
			E	差或未答题						
3	形态： （1）形态饱满 （2）边缘不破 （3）装盘美观 （4）成品安全卫生	2	A	符合全部要求						
			B	符合 3 项要求						
			C	符合 2 项要求						
			D	符合 1 项要求						
			E	差或未答题						
4	操作过程： （1）规范 （2）熟练 （3）卫生 （4）安全	1	A	符合全部要求						
			B	符合 3 项要求						
			C	符合 2 项要求						
			D	符合 1 项要求						
			E	差或未答题						
合计配分		10	合计得分							
备注		否决项： 1. 不能带成品或半成品入场，否则即为 E 2. 如考生自备原料变质，不能食用，最高为 D								

考评员（签名）：

等级	A（优）	B（良）	C（及格）	D（较差）	E（差或未答题）
比值	1.0	0.8	0.6	0.2	0

"评价要素"得分＝配分 × 等级比值。

西式烹调师（五级）操作技能鉴定

试题单

试题代码：3.1.1。

试题名称：罗宋汤。

考核时间：30 min 。

1. 操作条件

（1）原料（主料、辅料、特殊调料）自备。

（2）西式烹调操作室及相关设施设备和工具（刀具自备）。

（3）盛器（特殊盛器自备）。

2. 操作内容

制作"罗宋汤"1份。

3. 操作要求

（1）操作过程：规范、熟练、卫生、安全。不能带成品或半成品入场，否则即为不合格。

（2）成品要求

1) 色泽：深红色。

2) 香气：牛肉香、蔬菜香、香料香。

3) 口味：咸味适口、微酸，牛肉鲜。

4) 形态：流体、装盘八分满、盘边整洁、食材均匀。

5) 质感：浓稠、牛肉酥、蔬菜柔软。

6) 成品安全卫生。

西式烹调师（五级）操作技能鉴定

试题评分表

试题代码及名称		3.1.1 罗宋汤			考核时间（min）				30
序号	评价要素	配分	等级	评分细则	评定等级				得分
					A	B	C	D	E
1	色泽与香气： （1）深红色 （2）原料新鲜 （3）牛肉香 （4）蔬菜香、香料香	5	A	符合全部要求					
			B	符合 3 项要求					
			C	符合 2 项要求					
			D	符合 1 项要求					
			E	差或未答题					

2	口味与质感： （1）口味咸味适口、微酸 （2）牛肉鲜 （3）质感浓稠 （4）牛肉酥 （5）蔬菜柔软	5	A	符合全部要求							
			B	符合 4 项要求							
			C	符合 3 项要求							
			D	符合 1～2 项要求							
			E	差或未答题							
3	形态： （1）流体 （2）装盘八分满 （3）盘边整洁 （4）食材搭配均匀 （5）成品安全卫生	3	A	符合全部要求							
			B	符合 4 项要求							
			C	符合 3 项要求							
			D	符合 1~2 项要求							
			E	差或未答题							
4	操作过程： （1）规范 （2）熟练 （3）卫生 （4）安全	2	A	符合全部要求							
			B	符合 3 项要求							
			C	符合 2 项要求							
			D	符合 1 项要求							
			E	差或未答题							
合计配分		15	合计得分								
备注		否决项： 1. 不能带成品或半成品入场，否则即为 E 2. 如考生自备原料变质，不能食用，最高为 D									

考评员（签名）：

等级	A（优）	B（良）	C（及格）	D（较差）	E（差或未答题）
比值	1.0	0.8	0.6	0.2	0

"评价要素"得分 = 配分 × 等级比值。

西式烹调师（五级）操作技能鉴定

试题单

试题代码：3.2.2。

试题名称：基础奶油汁。

考核时间：10 min。

1. 操作条件

（1）原料（主料、辅料、特殊调料）自备。

（2）西式烹调操作室及相关设施设备和工具（刀具自备）。

（3）盛器（特殊盛器自备）。

2. 操作内容

制作"基础奶油汁"。

3. 操作要求

（1）原料：不能带成品或半成品入场，否则即为不合格。

（2）操作过程：规范、卫生、安全、熟练。

（3）成品要求

1) 色泽与形态：奶白色、流体、有光泽。

2) 香气：奶香、酒香、洋葱香。

3) 口味与质感：微咸、鲜、滑爽、细腻。

4) 成品安全卫生。

西式烹调师（五级）操作技能鉴定

试题评分表

试题代码及名称			3.2.2 基础奶油汁				考核时间（min）			10
序号	评价要素	配分	等级	评分细则	评定等级					得分
					A	B	C	D	E	
1	操作过程： （1）规范 （2）卫生 （3）安全 （4）动作熟练	1	A	符合全部要求						
			B	符合3项要求						
			C	符合2项要求						
			D	符合1项要求						
			E	差或未答题						
2	成品： （1）色泽与形态：奶白色、流体、有光泽 （2）香气：奶香、酒香、洋葱香 （3）口味与质感：微咸、鲜、滑爽、细腻 （4）成品干净卫生	4	A	符合全部要求						
			B	符合3项要求						
			C	符合2项要求						
			D	符合1项要求						
			E	差或未答题						
合计配分		5	合计得分							
备注		否决项： 1. 不能带成品或半成品入场，否则即为E 2. 如考生自备原料变质，不能食用，最高为D								

考评员（签名）：

等级	A（优）	B（良）	C（及格）	D（较差）	E（差或未答题）
比值	1.0	0.8	0.6	0.2	0

"评价要素"得分 = 配分 × 等级比值。

西式烹调师（五级）操作技能鉴定

试题单

试题代码：3.3.2。

试题名称：煎鸡胸罗勒奶油汁。

考核时间：30 min。

1. 操作条件

（1）原料（主料、辅料、特殊调料）自备。

（2）西式烹调操作室及相关设施设备和工具（刀具自备）。

（3）盛器（特殊盛器自备）。

2. 操作内容

制作"煎鸡胸罗勒奶油汁"1份。

3. 操作要求

（1）操作过程：规范、熟练、卫生、安全。不能带成品或半成品入场，否则即为不合格。

（2）成品要求

1) 色泽：主料不少于150g，鸡胸表面呈金黄色。

2) 香气：鸡肉香、沙司香、酒香。

3) 口味：咸味适口、鸡肉鲜美。

4) 形态：鸡胸完整、装盘美观、配菜搭配合理。

5) 质感：肉质有弹性，有些许汁水、不柴，沙司有光泽。

6) 成品安全卫生。

西式烹调师（五级）操作技能鉴定

试题评分表

试题代码及名称		3.3.2 煎鸡胸罗勒奶油汁				考核时间（min）					30
序号	评价要素	配分	等级	评分细则		评定等级					得分
						A	B	C	D	E	
1	色泽与香气： （1）鸡胸表面呈金黄色 （2）原料新鲜 （3）鸡肉香 （4）沙司香、黄油香	6	A	符合全部要求							
			B	符合3项要求							
			C	符合2项要求							
			D	符合1项要求							
			E	差或未答题							

2	口味与质感: （1）咸味适口、鸡肉鲜美 （2）有罗勒独特味道 （3）肉质有弹性 （4）有些许汁水、不柴 （5）沙司有光泽	7	A	符合全部要求					
			B	符合 4 项要求					
			C	符合 3 项要求					
			D	符合 1～2 项要求					
			E	差或未答题					
3	形态: （1）主料不少于 150g （2）鸡胸完整 （3）装盘美观 （4）配菜搭配合理 （5）成品安全卫生	5	A	符合全部要求					
			B	符合 4 项要求					
			C	符合 3 项要求					
			D	符合 1~2 项要求					
			E	差或未答题					
4	操作过程: （1）规范 （2）熟练 （3）卫生 （4）安全	2	A	符合全部要求					
			B	符合 3 项要求					
			C	符合 2 项要求					
			D	符合 1 项要求					
			E	差或未答题					
合计配分		20	合计得分						
备注		否决项: 1. 不能带成品或半成品入场，否则即为 E 2. 如考生自备原料变质，不能食用，最高为 D							

考评员（签名）：

等级	A（优）	B（良）	C（及格）	D（较差）	E（差或未答题）
比值	1.0	0.8	0.6	0.2	0

"评价要素"得分＝配分 × 等级比值。

西式烹调师（五级）操作技能鉴定

试题单

试题代码：3.4.3。

试题名称：美式炸鸡腿配辣椒番茄汁。

考核时间：30 min。

1. 操作条件

（1）原料（主料、辅料、特殊调料）自备（主料不少于150g）。

（2）西式烹调操作室及相关设施设备和工具（刀具自备）。

（3）盛器（特殊盛器自备）。

2. 操作内容

制作"美式炸鸡腿配辣椒番茄汁"1份。

3. 操作要求

（1）操作过程：规范、熟练、卫生、安全。不能带成品或半成品入场，否则即为不合格。

（2）成品要求

1) 色泽：鸡腿表面呈金黄色、色泽均匀。

2) 香气：鸡腿香、奶香、面包糠香。

3) 口味：咸、鲜、微辣。

4) 形态：鸡腿形状完整不碎、装盘美观、配菜搭配合理。

5) 质感：肉嫩、有些许汁水、肉质不柴。

6) 成品安全卫生。

西式烹调师（五级）操作技能鉴定

试题评分表

试题代码及名称		3.4.3 美式炸鸡腿配辣椒番茄汁				考核时间（min）					30
序号	评价要素		配分	等级	评分细则	评定等级					得分
						A	B	C	D	E	
1	色泽与香气： （1）鸡腿表面呈金黄色、色泽均匀 （2）原料新鲜 （3）鸡腿香 （4）奶香、面包糠香		6	A	符合全部要求						
				B	符合3项要求						
				C	符合2项要求						
				D	符合1项要求						
				E	差或未答题						

2	口味与质感： （1）咸、鲜适口 （2）微辣 （3）肉嫩 （4）有些许汁水 （5）肉质不柴	7	A	符合全部要求						
			B	符合 4 项要求						
			C	符合 3 项要求						
			D	符合 1～2 项要求						
			E	差或未答题						
3	形态： （1）主料不少于 150g （2）鸡腿形状完整不碎 （3）装盘美观 （4）配菜搭配合理 （5）成品安全卫生	5	A	符合全部要求						
			B	符合 4 项要求						
			C	符合 3 项要求						
			D	符合 1~2 项要求						
			E	差或未答题						
4	操作过程： （1）规范 （2）熟练 （3）卫生 （4）安全	2	A	符合全部要求						
			B	符合 3 项要求						
			C	符合 2 项要求						
			D	符合 1 项要求						
			E	差或未答题						
合计配分		20	合计得分							
备注		否决项： 1. 不能带成品或半成品入场，否则即为 E 2. 如考生自备原料变质，不能食用，最高为 D								

考评员（签名）：

等级	A（优）	B（良）	C（及格）	D（较差）	E（差或未答题）
比值	1.0	0.8	0.6	0.2	0

"评价要素"得分＝配分 × 等级比值。

参考文献

1 喻成清 . 西式盘头精选 . 合肥 : 安徽人民出版社，2007

2 法国蓝带厨艺学院编 . 法式西餐烹饪基础 . 卢大川译 . 北京 : 中国轻工出版社,2009

3 上海市食品生产经营人员食品安全培训推荐教材编委会组织编写 . 食品安全就在你的手中③ . 上海 : 上海科学技术出版社，2008

4 赖声强 . 西餐教室——牛肉篇 . 上海 : 上海科技教育出版社，2012

5 王天佑，侯根全 . 西餐概论 . 北京 : 旅游教育出版社，2000

6 陆理民 . 西餐烹调技术 . 北京 : 旅游教育出版社，2004

7 刘国芸 . 食品营养和卫生 . 北京 : 中国商业出版社,1995

8 全权主编 . 西式烹调师（五、四级）. 上海 : 百家出版社，2007

9 韦恩·吉斯伦 . 专业烹饪（第四版）. 大连 : 大连理工大学出版社，2005

附录
大师榜
（按姓氏笔画排列）

赖声强　主编

上海光大国际大酒店行政副总厨
国家级高级技师
国家职业技能鉴定考评员
烹饪大师
上海旅游高等专科学校客座副
教授

王芳

上海第二轻工业学校烹饪教学部主任
西餐学科带头人
中国名厨
国家级高级技师

李小华

上海帮帮食品执行董事
中国名厨
曾受美国麦克亨尼公司邀请赴美
国洛杉矶、法国蒙彼利埃进修
上海旅游高等专科学校客座副
教授

史政

苏州凯悦酒店行政总厨
烹饪大师
国家级高级技师
上海市职业技能西式烹调师考评员
法国厨皇会金牌会员

陆勤松

上海虹桥迎宾馆西餐总厨
国家级高级技师
新中国 60 年上海餐饮业西餐
技术精英
烹饪大师

朱一帆

世界厨师联合会
青年厨师发展委员会委员
中国烹饪大师

陈刚

麦德龙培训厨房总经理
中国烹饪大师
国家职业技能鉴定考评员
国家级高级技师

朱颖海

上海东郊宾馆西餐总厨
国家级技师
厨艺学院进修
第四届 FHC 国际烹饪大赛银牌获
得者

陈铭荣

上海虹桥美爵大酒店行政总厨
中国烹饪大师
上海名厨
曾获 FHC 烹饪大奖赛金奖

周亮

上海圣诺亚皇冠假日酒店行政总厨
中国烹饪大师
国家职业技能鉴定考评员
国家级高级技师

顾伟强

中国烹饪大师
国家级高级技师
烹饪职教专家

宓君巍

味好美（中国）高级厨艺顾问
国家级高级技师、高级公关营养师
第四届全国厨艺创新大赛金奖获得
者
曾赴南非、加拿大、英国等国家和
地区工作、学习

钱一雄

上海外滩 18 号厨师长
国家级高级技师
中国烹饪大师
上海市烹饪开放实训中心教师
上海名厨
曾赴美国 CIA 烹饪学院进修

侯越峰

国家级技师
中国名厨
上海商贸旅游学校西餐烹饪教师
曾担任上海老时光酒店行政副总厨
曾在意大利 ICIF 烹饪学校进修

钱继龙

上海东锦江索菲特大酒店行政
副总厨 / 法式餐厅厨师长
国家级技师
烹饪大师

侯德成

北京市骨干教师，高级教师
西餐烹饪高级技师
北京市商业学校商旅系副主任
兼国际酒店专业主任

凌云

上海裴茜尔餐饮总监
国家级高级技师
中国名厨
国家职业技能鉴定考评员
新中国 60 年上海餐饮业
西餐技术精英

贺磊

上海凯达职业技能培训学校西餐
教师
国家级技师
上海佳友维景国际大酒店西厨房
行政副总厨

潘熠林

上海银锐餐饮管理有限公司（茂
盛山房）行政总厨
中国名厨
烹饪大师
国际级技师
曾赴法国、瑞士、中国香港学习
进修

支持单位

李锦记（中国）销售有限公司

上海味好美食品有限公司

上海市第二轻工业学校

上海市商贸旅游学校

中华职业学校

上海浦东国际培训中心

上海旅游人才交流中心

上海裴茜尔文化传播有限公司

上海聚广文化传播有限公司

北京市工贸技师学院服务管理分院

主编作品《西餐教室》　　主编微信公众账号